KB188528

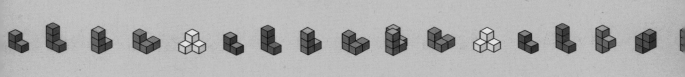

자기주도 초등수학 공부방법

감수 김재구 | 글 조영선 | 그림 김우람

채운어린이

머리말

　수학 없는 세상에서 살고 싶다는 생각을 해 본 적이 있습니다. 다른 과목은 공부한 만큼 성적이 올라갔지만, 수학은 아무리 해도 이해하기가 어려웠습니다.

　물론 초등학생 때부터 수학을 못했던 것은 아닙니다. 반 대표로 수학경시대회에 나갔을 정도로 성적이 좋기도 했지요. 당시에는 여러 가지 도형의 넓이를 구하는 것이 놀이처럼 재미있었습니다. 그렇게 수학을 잘하고 좋아했던 내가 왜 수학을 어려워하게 되었을까?

　수학에 재미를 느꼈어도 결국은 공부일 뿐이라고 생각한 것이 가장 큰 문제였습니다. 놀이와 공부는 다른 것이라는 생각 말입니다. 저뿐 아니라 많은 학생들이 이런 생각을 가지고 있습니다. 그러다 보니 조금만 어려워도 쉽게 흥미를 잃고 맙니다.

　무서운 것은 흥미를 잃는 순간 수학은 우리에게 골칫거리로 변해 버린다는 것입니다. 왜냐하면 수학은 차근차근 단계별로 이해하지 않으면 새로 배우는 원리를 절대 이해할 수 없으니까요.

　하지만 수학을 놀이처럼 생각하기란 말처럼 쉽지 않지요. 그러나 잘 생각해 보세요. 우리는 수학을 처음 배울 때 숫자를 더하고 빼기가 아니라, 여러 개의 물체를 가르거나 모으는 놀이에서부터 시작하지요. 도형 공부를 위해 쌓기 나무 놀이도 합니다. 즉, 수학은 놀이에서 시작된다고 할 수 있어요.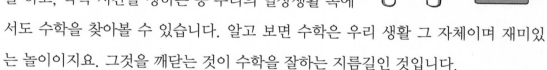

　나아가 용돈을 받아 사용하고, 컴퓨터 게임을 하고, 약속 시간을 정하는 등 우리의 일상생활 속에서도 수학을 찾아볼 수 있습니다. 알고 보면 수학은 우리 생활 그 자체이며 재미있는 놀이이지요. 그것을 깨닫는 것이 수학을 잘하는 지름길인 것입니다.

　이 책은 수학 문제집도 아니고 참고서도 아닙니다. 하지만 수학의 기초를 배워가고 있는 여러분에게는 무엇보다 훌륭한 수학 공부 지침서가 되리라 자신합니다.

지은이 조영선

차례

1 수학은 왜 배워야 할까?

게임 브리핑

난 음악가가 될 거니까 수학 못해도 돼.

난 화가가 될 거니까 수학 필요 없어.

나 역시 추리소설가가 될 거니까 수학은 상관없다네.

얘들이 몰라도 너무 모르네?

참아. 얘들이 아직 철이 없어서 그래.

수학책

수학을 따분하고 어려운 과목으로 여기는 가장 큰 이유는 '수학을 왜 배워야 하는지 모르기 때문'이라고 생각합니다. 저도 학창 시절에 '난 수학하고는 상관 없는 일을 할 건데 열심히 공부할 필요가 있을까?' 이런 생각을 했었거든요.

그러니 자연스럽게 수학이 싫어지고 성적도 떨어질 수밖에 없었습니다. 그래서 지금은 이런 아쉬움이 듭니다.

'초등학생 때 누군가가 수학을 왜 배워야 하는지 알려 주었다면 수학을 정말 좋아했을 텐데…….'

이런 점에서 이 책을 펼친 여러분들은 '행운아' 라고 할 수 있습니다. 왜 배워야 하는지 이유를 아는 사람은 배우고자 하는 열정이 생기게 되니까요.

수학을 배워야 하는 이유는 쉽게 말해서 '다른 공부를 잘하기 위해서' 라고 할 수 있습니다. 언뜻 이해가 안 되지요? 국어, 과학, 사회, 미술 같은 과목들이 수학과 무슨 관계가 있다고? 이런 생각이 드는 이유는 수학을 단순히 '수' 를 배우는 과목이라고 생각하기 때문입니다.

하지만 알고 보면 수학은 우주의 원리를 배우는 것임을 깨닫게 되지요. **'수학은 모든 학문의 기초이기 때문에 그 원리를 깨달으면 어떤 일도 해낼 수 있다'** 는 것입니다. 이해가 잘 되지 않나요? 그럼 다음 장을 넘겨 보세요.

1. 수학과 과학

컴퓨터는 수를 계산하는 계산기가 발전한 모습이라는 사실을 아시나요? 자동으로 계산해 주는 계산기가 바로 컴퓨터이니까요. 알고 보면 컴퓨터는 0과 1이란 수만으로 우리에게 인터넷, 게임, 동영상 등을 제공해 주는 것이지요.

자, 컴퓨터 하나만 없어도 세상이 어떻게 변할지 상상해 볼까요? 아마 문명이 100년 이상은 후퇴하겠지요. 더 많은 비유를 들고 싶지만 우선 과학에서는 여기까지만 생각해 보도록 합시다.

2. 수학과 음악

음악이야말로 수학의 결정체라고 할 수 있을 정도로 수학과 관련이 깊습니다. 여러분, 피아노 건반의 '도'에서 다음 '도'의 앞까지 몇 개의 건반이 있는지 세어 본 적 있나요? 12개입니다. 우리가 듣는 수많은 음악들은 12개의 소리(12음계)로 만들어진 것이죠.

그럼 이 12가지 소리는 누가 정한 걸까요? 다름 아닌 위대한 수학자 피타고라스입니다.

소리는 물체가 진동할 때 공기를 통해 우리 귀에 전달되는데 빠르게 진동할수록 높은 소리를, 느리게 진동할수록 낮은 소리를 내지요. 이 때 1초에 몇 번이나 진동했는지를 숫자로 나타낸 것을 '주파수'라고 합니다. 단위는 '헤르츠(Hz)'이지요.

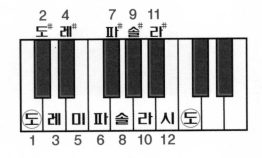

피타고라스는 줄을 퉁길 때 나는 소리는 줄이 길수록 낮아지고 짧을수록 높아진다는 사실을 바탕으로 줄을 1/2, 1/3, 1/4 식으로 줄여가며 소리를 비교해 봤어요. 그 결과 '배음'(원래 소리에 배수의 주파수로 된 소리)으로 이루어진 소리들이 가장 잘 어울린다는 사실을 발견하고 12음을 정리하게 된 것입니다.

> 도=261.6Hz   레=293.7Hz   미=329.6Hz··· (4옥타브 기준)

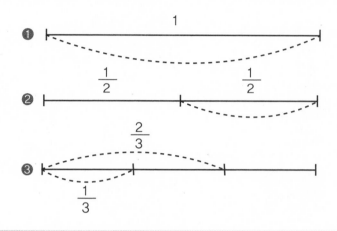

❶ 어떤 현을 정해서 길이를 1이라고 가정하고 '도'라고 한다면,

❷ 그것을 절반으로 나누면 한 옥타브가 높은 '도'가 된다.

❸ $\frac{1}{3}$로 나눈 지점은 '솔'이 되고, $\frac{2}{3}$ 지점은
   그보다 한 옥타브 낮은 '솔'이 된다.

위의 방법으로 다시 솔을 3등분하면 '레'를 찾을 수 있고, 다시 레를 3등분하면 '라'를 찾을 수 있다. 이 방법으로 12음을 찾은 것이다.

음악은 수학 그 자체라고 할 수 있지!

피타고라스

3. 수학과 미술

그림도 마찬가지입니다. 예로부터 위대한 미술가들은 인체를 그리거나 조각할 때 정확한 인체 비례를 활용했습니다. 양팔을 수평으로 뻗었을 때 양손 끝 사이의 거리가 키와 비슷하다는 것 등이 그런 예이지요. 또한 '황금비례'(1:1.618)라는 것을 이용하기도 했는데, 이 또한 수학적 연구의 산물이지요.

4. 수학과 건축

건물을 튼튼하게 짓기 위해서는 정확한 길이, 무게, 넓이 등의 계산이 필요합니다. 조금만 크기가 달라져도 조립이 되지 않을 것이고, 무게를 받쳐 줄 기둥의 힘이 부족하면 건물은 무너지고 말 테니까요.

5. 수학과 체육

남자 달리기 100m 세계 신기록
은? 9.58(우사인 볼트)초입니다.
여자 역도 한국 신기록은?
326kg(장미란)입니다. 이처럼
스포츠도 숫자와 깊은 관련
이 있습니다. 기록도 그렇지
만 지구력, 근력, 폐활량 등의
요소들도 모두 수학과 뗄 수 없는
관계에 있지요.

6. 수학과 사회

지리에 나오는 축적과 거리, 역사에
나오는 연도, 경제에 나오는 비용과 그
래프 등 수학에서 배우는 원리들이 그대로 적용되는
과목이 사회 과목이지요.

7. 수학과 논술

수학에는 수를 계산하는 것뿐만 아니라, 원인과 결과를 정확히 따지는 논리 또한
포함됩니다. 즉, 자신의 주장을 납득시키기 위해 정확한 근거를 제시하는 논술도 수
학인 셈이지요.

몇 가지만 예로 들었지만 실제로는 수학이 사용되지 않는 분야는 없습니다.

여러분의 하루 일과를 돌아보세요. 학교에 늦지 않기 위해 시간에 맞추어 일어나고, 00번 버스에 올라타 금액을 지불합니다.

학교에서 선생님은 번호대로 출석을 부르고, 우리는 50분 수업 후 10분 휴식합니다. 어떤가요? 우리의 생활 자체가 수학임을 느낄 수 있지요?

수학을 우리 생활 곳곳에서 찾을 수 있다는 것은 그 만큼 수학이 중요하고 유용하다는 의미입니다.

여러분, 장래에 이루고 싶은 꿈이 있지요? 그렇다면 수학 공부를 게을리하지 마세요. 여러분이 수학에 재미를 붙이고 그 원리를 깨닫게 되면 꿈은 더 이상 꿈이 아닌 현실이 될 것입니다. 수학은 결코 수학을 잘하기 위해 배우는 것이 아니니까요.

물질의 기본인 '원자'에 숨어 있는 수학

우주의 근원은 우리 눈에 보이지 않는 수소(H)라는 원자라고 합니다. 수소 원자 두 개가 합해지면 헬륨(He)이 되고, 세 개가 합해지면 리튬(Li), 네 개가 합해지면 베릴륨(Be)… 이런 방법으로 만들어진 다양한 원자들이 다시 여러 가지 형태로 결합하여 우리 주변의 모든 것을 만들어냈다는 것이지요. 실제로 '핵융합'이라는 기술을 사용하면 수소만으로 다양한 물질을 만들어낼 수 있습니다.

그런데 이런 원리가 수학의 원리와 서로 통한다는 사실이 재미있습니다. 원자 번호 1번인 수소 원자 둘이 결합하면 원자 번호 2번인 헬륨 원자가 된다는 간단한 공식이 온 우주를 만든 것처럼, 수학도 '하나 더하기 하나는 둘'이라는 원리로부터 시작되어 지금의 다양한 수학 원리를 만들었으니까요.

이런 공통점을 보면 '수학은 우주를 이해하는 학문'이라는 말이 정말 정확한 표현이라는 생각이 듭니다.

우주는
1 더하기 1만 알면
이해할 수 있다.

전 2 더하기 2도
아는데 왜 이해가
안 될까요? ^^;

2 수학은 재미있는 탐정놀이다

게임 브리핑

내가 좋아하는 추리만화 주인공들이 수학을 잘한다고?

그래, 추리가 곧 수학이니까.

'셜록 홈즈'라는 이름 들어봤나요? 유명한 추리소설의 명탐정 주인공 셜록 홈즈! 처음 듣는 이름이라면 부모님이나 친구들에게 물어보세요. 아마 어른들 중에는 그 이름을 모르는 사람이 별로 없을 거예요.

셜록 홈즈가 등장하는 추리소설이 19세기 후반부터 지금까지 남녀노소할 것 없이 전 세계인들의 사랑을 받는 이유는 무엇일까요? 그것은 바로 여러 가지 단서와 증거를 가지고 추리를 하여 범인의 정체를 알아내는 과정이 너무나도 흥미진진하고 재미있기 때문일 것입니다.

신기한 일은 범인을 잡는 과정이 어려우면 어려울수록 독자들의 반응은 더욱 좋았다는 것이지요. 그 이유는 **'어려운 문제를 풀어냈다는 성취감'** 때문입니다.

수학을 다루는 책에서 웬 추리소설 이야기냐고요? 그것은 추리가 곧 수학으로서, 수학 문제를 푸는 것은 단서를 가지고 범인을 잡는 것과 별반 다를 게 없기 때문이지요. 즉, 수학 문제를 푸는 것은 탐정놀이를 하는 것과 같다는 것입니다.

자! 여기 검은 모자 두 개와 흰 모자 세 개가 있습니다.

그림과 같이 세 사람을 일렬종대(앞뒤로 줄을 지어 한 줄로 늘어선 모습)로 앉도록 하고 각각 모자를 하나씩 씌웁니다. 이 때 자신이 쓴 모자 색은 볼 수 없습니다.

그리고 맨 뒷사람부터 자신의 모자 색이 무슨 색인지 알겠냐고 물어보자 맨 뒷사람과 가운데 사람은 '모르겠다'고 말했지만 맨 앞사람은 '알겠다'고 했습니다. 맨 앞사람은 어떻게 자신의 모자 색을 알았을까요? 그리고 그가 쓴 모자의 색깔은 어떤 색이었을까요?

여러분은 맨 앞사람이 되어 모자 색을 추리해 내야 합니다. 아무런 **'단서'**도 없이 어떻게 추리를 하냐고요? 문제를 잘 읽어 보면 단서는 두 개나 있고, 그 단서는 자신의 모자 색을 알아내는 데 충분한 증거가 됩니다.

첫 번째 단서	맨 뒷사람의 말 '내가 쓴 모자 색을 알 수 없다.'
두 번째 단서	가운데 사람의 말 '내가 쓴 모자 색을 알 수 없다.'

자, 추리를 시작해 봅시다.

맨 뒷사람은 두 사람의 모자 색을 볼 수 있습니다. 둘 다 검정색이면 더 이상 검정 모자는 없으므로 자신의 모자가 흰색이라는 것을 알았겠죠. 즉, 앞 두 사람이 쓴 모자는 전부 흰색이거나 검정, 흰색인 것입니다.

가운데 사람은 뒷사람의 말을 듣고 앞사람의 모자 색을 봅니다. 만약 앞사람이 검정색 모자를 썼다면 자신은 당연히 흰색 모자를 썼다는 것을 알 수 있겠죠.

하지만 앞사람의 모자가 흰색이라면 자신은 검정색일 수도 있고 흰색일 수도 있기 때문에 그도 '**모르겠다**'고 대답한 것입니다. 맨 앞사람은 이 두 대답을 단서로 자신의 모자가 흰색이라는 것을 알아낸 것이죠.

어떤가요? 문제만 보았을 때는 어려웠지만 풀이 과정을 보고 나니 '아하!' 라는 감탄사가 절로 나오지요? 그리고 '이것 참 재미있네' 라는 생각도 들지요?

'**단서를 가지고 문제를 해결하는 것!**' 이것이 바로 수학입니다. 수학은 우리가 생각하는 것 이상으로 재미있는 요소들이 많은 과목입니다!

수학의 즐거움은 '**문제를 풀어가는 과정을 이해하는 것**' 과 '**문제를 풀어 정답을 맞히는 것**' 에 있습니다. 이것은 우리가 즐겨 하는 컴퓨터 게임과도 같지요.

전 세계적으로 유명한 게임 '테트리스'를 예로 들어보겠습니다. 우선 테트리스라는 이름의 의미로 수학 상식을 배워 보도록 하지요. 한국어로는 수를 하나, 둘, 셋, 넷… 하고 세지만, 라틴어로는 아래의 표처럼 셉니다.

1	모노(mono)	2	디(di)	3	트리(tri)	4	테트라(tetra)	5	펜타(penta)
6	헥사(hexa)	7	헵타(hepta)	8	옥타(octa)	9	노나(nona)	10	데카(deca)

처음 보는 용어 같지만, 이 라틴 수사는 우리 생활 속에서 다양하게 사용되고 있지요.

내 다리는 8개!

❶ **모노** : 모노그램(둘 이상의 문자로 '하나'의 문자를 도안한 것), 모노크롬('한 가지' 색으로만 된 작업물), 모노드라마('한 사람'만 등장하는 드라마), 모노레일('한 가닥'의 궤도 위를 달리는 철도)

❷ **트리** : 트라이앵글(삼각형, 삼각형 악기), 트리플악셀(공중 3회전. 피겨 기술 중 하나)

❸ **펜타** : 펜티엄('인텔'이라는 컴퓨터사가 '5번째'로 컴퓨터에 붙인 이름), 펜타곤('5각형' 형태로 만들어진 미국 국방부 건물)

❹ **옥타** : 옥토퍼스(문어. 다리가 '8개' 달렸다)

그럼 테트리스에 등장하는 도형들을 잘 관찰해 봅시다. 어떤 특징이 있나요? 각각 모양은 달라도 모두 사각형 4개로 이루어져 있음을 알 수 있지요?

즉, 테트리스라는 이름은 4를 뜻하는 라틴어에서 유래된 것입니다.

이 게임의 규칙은 간단합니다. 다양한 모양의 블록들로 빈 공간이 없게 가로줄을 메우면 그 줄이 사라지면서 미션을 통과할 수 있는 점수가 쌓이게 되지요. 플레이어는 나타나는 도형을 이동시키거나 회전시키는 두 가지 기술만으로 여러 단계의 문제를 해결해야 합니다.

대부분의 게임은 이와 같이 기본 기술과 원리를 익혀 그 기술로 단계를 헤쳐나가거나 적과 승부를 겨루는 원리로 되어 있습니다. 수학도 마찬가지로 덧셈, 뺄셈, 곱셈, 나눗셈 등의 기본 원리를 알고 있으면 다양한 수학 문제를 해결할 수 있지요.

수학은 학교에서 배우기 때문에 '공부'라고 생각되는 것일 뿐, 실제로는 우리가 재미있게 하는 게임과 별반 다를 것이 없습니다. 수학을 잘하고 수학을 재미있어하는 학생들은 바로 이 원리를 깨닫고 있는 것입니다.

따라서 한번 게임을 하면 멈출 줄 모르는 친구들이 생각을 조금만 전환하면 수학을 아주 잘할 수 있을 것입니다.

생각해 보세요. 게임할 때 어려운 문제나 적을 만나면 바로 포기하나요? 아닙니다. 어떻게든 단계를 뛰어넘기 위해 여러 번 도전하고 공략하는 방법을 찾기 위해 노력합니다. 그런 노력을 통해서 단계를 극복했을 때 여러분은 앞서 말한 수학의 두 가지 기쁨과 같은 기쁨을 맛보게 되는 것입니다.

여러분이 어려운 수학 문제를 게임 속의 적으로 생각하고 그 적을 격파하기 위해 여러 번 도전하고 문제 풀이 방법을 찾는다면 분명 수학은 여러분에게 재미와 기쁨을 주는 최고의 놀이로 다가설 것입니다.

게다가 수학이라는 게임은 끊임없이 내 지식을 발전시켜서 점점 더 많은 문제들을 해결할 수 있도록 해 주니, 이보다 더 좋은 게임이 어디 있을까요?

분위기가 으스스한 걸 보니 관문이 맞는 듯해.

음… 분명 이 곳에 첫 번째 관문이 있다고 되어 있는데?

오옷, 보물상자다!

잠깐! 상자에 쓰인 보석과 안에 있는 보석이 서로 다르대.

에메랄드

사파이어

루비

열쇠로 상자 하나만 열 수 있으니까, 한 개의 상자만 열어서 전체 상자 속 보석 종류를 맞혀야 해. 그러니 상자 선택을 신중하게 해야 해.

이, 이미 아무거나 열어 버렸는데….

컥!

으~ 이래서야 어떻게 탐정이 되겠어?

엉?

이건 아무거나 하나만 열어도 다른 상자 속 보석을 맞힐 수 있는 문제였군.

정말?

정답은 맨 뒷페이지에

'하나를 가르쳐 주면 열을 안다' 는 말이 있습니다. 한 가지 가르침을 받으면 그 가르침을 연구하여 여러 가지 관련 지식을 깨닫는 사람을 일컫는 말입니다.

그런데 이 말을 잘 생각해 보면 수학의 원리와 깊은 관계가 있다는 것을 알 수 있습니다. 왜냐하면 수학은 바로 '하나' 라는 개념에서 시작된 학문이기 때문이지요.

그 복잡하고 정교한 수학이 정말 그렇게 단순한 것에서 시작되었을까요?

생각해 봅시다. 질량에너지 등가원리를 발견한 아인슈타인, 미분-적분학을 발견한 뉴턴, 구와 원기둥의 수량 관계를 발견한 아르키메데스, 직각삼각형의 법칙을 발견한 피타고라스, 피라미드의 높이를 잰 탈레스… 여러분이 알고 있는 많은 수학자들도 어떠한 수학 원리를 발견하는 데는 자신이 이미 알고 있는 지식을 이용할 수밖에 없었겠죠?

결국 거꾸로 거슬러 올라가면 '하나'라는 수가 덧셈의 원리를 발견하게 하고, 덧셈이 곱셈을, 곱셈이 나눗셈을, 나눗셈이 분수를, 분수가 소수를, 소수가 확률과 통계를… 이런 식으로 수학이 발전된 것이니 가장 기본이 되는 수학 원리는 '하나'라고 할 수 있는 것입니다.

수학은 이처럼 기본 원리를 가지고 다음 단계를 추리해 내는 특성을 가진 학문이지요. 이 사실을 깨닫는 것은 수학을 배우는 데 아주 중요합니다. 수학을 잘하고 못하는 학생의 차이는 여기서부터 난다고 해도 과언이 아니기 때문이지요.

> 흐아~ 이렇게 복잡한 수학 공식들이 1+1=2라는 간단한 원리에서 발견된 거라고?!

$$a^2-b^2=(a+b)(a-b)$$

$$\frac{n(n-3)}{2}$$

$$4\pi r^2$$

$$\frac{4}{3}\pi r^3$$

$$\sin A=\cos(90°-A)$$

$$\tan^2 A+1=\frac{1}{\cos^2 A}$$

여러 과목 중에서 성적 차이가 가장 크게 나는 과목은 무엇일까요? 네, 바로 수학입니다. 왜일까요? 가장 큰 이유는 바로 앞에서 말한 수학의 기본 원리 때문이라고 할 수 있습니다.

수학이 '하나'에서 시작해서 차츰차츰 새로운 원리들을 발견해 가는 과정 속에서 발전했듯이, 수학을 배울 때는 가장 기초적인 것부터 차례차례 배워 나가야 하는 것이죠.

$$3 \times 9 = \,?$$

위 곱셈의 답이 27이란 것은 다 알고 있을 것입니다. 하지만 '왜 3에 9를 곱하면 27이 되는가?'라는 물음에 어떻게 답해 줄 수 있을까요? 곱셈이 덧셈에서 응용된 것임을 아는 학생은 이렇게 대답할 것입니다.

"곱셈은 같은 수를 여러 번 더할 때 편리하도록 만든 것입니다. 즉, 3을 9번 더한 값이기 때문에 27이 되는 것이죠."

$$3+3+3+3+3+3+3+3+3 = 27$$

하지만 덧셈을 배우지 않고 구구단만 외워서 푼 사람은 '구구단표에 보면 27이라고 나와 있어요.' 라고 대답하겠죠.

전자와 후자 모두 27이란 답은 맞혔지만 여기엔 이미 굉장한 차이가 나 있습니다. 덧셈부터 차근차근 배운 사람은 곱셈 응용 문제뿐만 아니라 분수나 소수를 가지고도 곱셈을 쉽게 할 수 있지만, 구구단만 외운 사람은 이후에 배우는 모든 과정에서 어리둥절하게 됩니다. 이것은 마치 성냥개비로 기둥을 만들어 놓고 그 위에 돌탑을 쌓아가는 것과 마찬가지죠.

다른 과목은 늦게라도 정신차리고 열심히만 하면 어느 정도 성적을 끌어올릴 수 있지만, 수학은 전 단계를 배우지 않으면 아무리 노력해도 성적을 올리기 힘듭니다. 따라서 초등학교의 단계적인 수학 공부가 매우 중요하다는 것은 더 이상 설명하지 않아도 알겠죠?

교과서와의 연관

1~2학년 과정은 수의 개념을 깨치는 중요한 단계구나!

어느 과목이든 차례는 배움의 순서를 나타내 주는 중요한 '배움의 지도'입니다. 따라서 지금 배우고 있는 과정이 잘 이해되지 않는다면 과감하게 그 전의 과정을 확실히 이해하도록 노력해야 합니다.

아래는 초등수학의 차례를 쉽게 훑어볼 수 있도록 간략한 설명을 덧붙인 것입니다. 배움의 순서를 생각하면서 읽어보기 바랍니다.

1학년

〈5까지의 수〉 '수란 무엇인가?' 와 1부터 5까지의 수로 크고 작음과 많고 적음을 구분하는 훈련을 통해 수의 개념을 잡습니다.

〈9까지의 수〉 수의 범위를 좀더 넓혀서 9까지의 수로 수의 개념을 잡습니다.

〈여러 가지 모양〉 생활 속 여러 가지 물건의 모양을 통해 '도형' 의 개념을 잡습니다.

〈더하기와 빼기〉 덧셈과 뺄셈은 반대 개념임을 깨닫고 생활 속에서 활용해 봅니다.

〈비교하기〉 생활 속 사물의 크기나 모양 등의 비교를 통해 길이, 넓이, 무게, 양 등의 개념을 익힙니다.

〈50까지의 수〉 10 이상의 큰 수를 통해 '묶어 세기' 의 편리함과 큰 수를 쉽게 비교할 수 있는 방법을 배웁니다.

〈100까지의 수〉 큰 수를 나열해 보고 수와 수 사이의 규칙을 찾습니다.

〈여러 가지 모양〉 여러 가지 모양을 찾거나 그려 봄으로써 도형에 익숙해지도록 합니다.

〈10을 가르기와 모으기〉 큰 수의 덧셈, 뺄셈을 쉽게 하기 위해 서로 더해서 10이 되는 수에 익숙해집니다.

〈덧셈과 뺄셈(1)〉전 단원의 심화학습입니다.

〈시계 보기〉시계 보는 법을 통해 시간의 흐름을 이해합니다.

〈덧셈과 뺄셈(2)〉세 수의 더하기, 빼기를 통해 계산의 순서를 알아보고, 받아올리기와 받아내리기를 통해 보다 복잡한 수의 덧셈, 뺄셈을 이해합니다.

2학년

〈세 자릿수〉묶어 세기를 하면 큰 수도 쉽게 셀 수 있음을 알고, 자릿수의 개념에 대해서도 알아봅니다.

〈덧셈과 뺄셈(1)〉1학년 '더하기와 빼기'에서 익힌 방법으로 조금 더 복잡한 문제를 풀어봅니다.

〈여러 가지 모양〉수학적인 기본 도형에 익숙해지기 위해 직접 도안해 보는 단계입니다.

바늘시계로 시간 보는 것도 수학 공부라고!

〈덧셈과 뺄셈(2)〉덧셈과 뺄셈을 하는 여러 가지 방법에 대해 배웁니다.

〈길이 재기〉직접 사물의 길이를 재어 보며 '단위'의 중요성과 '측량, 측정'의 기본을 배웁니다.

〈식 만들기〉지금까지 배운 수학을 실생활에 응용하여 식과 문제를 만들어 봅니다.

〈시간 알아보기〉시간을 실생활에 응용하여 시간의 덧셈, 뺄셈을 배우고 시간의 개념을 익힙니다.

〈곱셈〉많은 수는 묶어서 세는 것이 편리하다는 원리를 통해 곱셈의 원리를 깨닫습니다.

〈곱셈구구〉곱셈을 빠르게 하기 위해 곱셈구구를 배웁니다.

〈덧셈과 뺄셈(1)〉지금까지 배운 덧셈, 뺄셈을 응용하여 보다 복잡한 문제를 해결해 봅니다.

〈길이 재기〉길이의 합과 차를 통해 다양한 단위의 합과 차에 대해 익힙니다.

〈덧셈과 뺄셈(2)〉앞서 배운 덧셈, 뺄셈의 심화학습입니다.

〈분수〉도형을 쪼개고 나누어 보면서 분수의 개념을 이해합니다.

〈표와 그래프〉표와 그래프를 통해 복잡한 수를 보기좋게 나타내는 방법을 익힙니다.

3학년

〈10,000까지의 수〉 수를 자릿수에 따라 덩어리로 볼 수 있는 시각을 키워 큰 수에 익숙해지도록 합니다.

〈덧셈과 뺄셈〉 지금까지 배운 덧셈, 뺄셈 원리로 보다 어려운 문제를 해결해 봅니다.

〈평면도형〉 '각'을 기준으로 분류된 다양한 평면 도형을 보며 '각'에 대한 개념을 익힙니다.

〈나눗셈〉 나눗셈이 실생활에서 이용되는 예를 통해 나눗셈과 곱셈의 관계를 깨닫습니다.

3~4학년 과정은 학습 수준이 갑자기 높아지는 단계이니 흥미를 잃지 않도록 놀이를 수학에 적극 활용하는 게 좋지.

〈평면도형의 이동〉 한 가지 도형을 이리저리 이동해 보면서 도형이 어떻게 변하는가를 관찰합니다.

〈곱셈〉 보다 복잡한 곱셈식을 배우고 실생활에 응용해 봅니다.

〈분수〉 분수가 나눗셈을 수로 표현한 것임을 이해합니다.

〈길이와 시간〉 길이와 시간도 단위만 다를 뿐 일반적인 수의 덧셈, 뺄셈과 같음을 이해합니다.

〈덧셈과 뺄셈〉 다양한 자릿수의 덧셈, 뺄셈을 해 봅니다.

〈곱셈〉 덧셈의 받아올림을 이용하여 보다 난이도 있는 곱셈 문제를 해결합니다.

〈원〉 컴퍼스로 원을 그려 보며 원을 그리는 기준이 왜 반지름인지를 이해합니다.

〈나눗셈〉 '몫'과 '나머지'를 이용해 나누어 떨어지지 않는 수의 나눗셈을 해결합니다.

〈들이와 무게〉 그릇으로 물의 양을 재는 과정을 통해 '용량'의 개념을 이해합니다.

〈소수〉 분수는 곧 '나눗셈'이기 때문에 나누어지는 수(분자)가 클수록, 나누는 수(분모)가 작을수록 커진다는 개념을 이해하고, 몫과 나머지 구하는 방법을 이용해 소수의 개념을 익힙니다.

4학년

〈큰 수〉 다섯 자릿수 이상 큰 수를 뛰어 세는 방법을 배우고, 큰 수의 기수법에 대해 알아봅니다.

〈곱셈과 나눗셈〉 '몇 백 곱하기 몇 백' 식의 큰 수의 곱셈과 나눗셈도 할 수 있습니다.

〈각도〉 삼각형을 통해 각의 개념을 알고, 각도 합하거나 뺄 수 있음을 압니다.

〈삼각형〉 변과 각으로 삼각형의 종류를 분류할 수 있음을 압니다.

〈혼합 계산〉 더하기, 빼기, 곱하기, 나누기가 섞여 있는 문제를 풀 때의 풀이 순서를 이해합니다.

〈분수〉 분수는 '전체에 대한 부분을 나타냄'을 이해하고 분모, 분자, 가분수, 진분수, 대분수를 이해합니다.

〈소수〉 분수의 크기를 쉽게 알아보기 위해 소수가 만들어졌음을 이해하고 소수의 개념을 익힙니다.

〈분수의 덧셈과 뺄셈〉 분수의 셈을 위해 분모가 같도록 만들어야 함을 알고 계산해 봅니다.

〈소수의 덧셈과 뺄셈〉 소수의 덧셈, 뺄셈이 자연수의 덧셈, 뺄셈 원리와 같음을 이해합니다.

〈수직과 평행〉 '각'의 개념을 이용하여 수직과 평행을 이해합니다.

〈사각형과 다각형〉 '사각형'의 개념과 '변'과 '각'으로 사각형을 다양한 종류로 분류할 수 있음을 이해합니다.

〈평면도형의 둘레와 넓이〉 곱셈의 원리를 이용하여 '넓이'의 개념을 알고, 여러 가지 도형의 넓이를 잴 수 있음을 이해합니다.

〈수의 범위와 어림〉 '미만' '초과' '이상' '이하' '올림'과 '버림' '반올림'이 어떻게 활용되는지 알아봅니다.

〈꺾은선그래프〉 '시간의 흐름에 따른 변화의 양'을 보기 쉽게 기록하는 데 꺾은선그래프가 쓰임을 알고 직접 활용해 봅니다.

5학년

〈약수와 배수〉 곱셈구구와 나눗셈의 원리를 이용하여 '배수'와 '약수'의 원리를 깨닫고, 두 수가 공통으로 갖는 배수와 약수를 찾을 수 있습니다.

〈약분과 통분〉 배수와 약수를 이용하면 분수의 계산이 수월해짐을 깨닫습니다.

〈분수의 덧셈과 뺄셈〉 약분과 통분을 이용하면 자연수의 사칙연산(더하기, 빼기, 곱하기, 나누기)과 다를 바 없음을 이해합니다.

〈소수의 덧셈과 뺄셈〉 소수의 덧셈과 뺄셈은 자연수의 셈 원리와 같음을 이해합니다.

〈분수의 곱셈〉 분모는 분모끼리, 분자는 분자끼리 곱한다는 것을 빼고는 자연수의 곱셈과 다를 바 없음을 이해합니다.

〈도형의 합동〉 도형은 위치의 이동만으로는 형태가 변하지 않음을 이해하고, 형태가 같은 도형을 직접 그리는 방법을 이해합니다.

〈직육면체와 정육면체〉 '입체'의 개념에 대해 이해하고, '면'으로 입체도형의 종류를 나눌 수 있음을 압니다.

〈평면도형의 넓이〉 도형의 넓이를 계산할 때 도형을 자르거나 붙여 계산하기 쉬운 형태로 바꿀 수 있음을 이해합니다.

〈여러 가지 단위〉 같은 숫자라도 뒤에 붙는 단위에 따라 의미가 달라짐을 이해하고, 표준의 중요성에 대해 압니다.

〈분수와 소수〉 분수를 소수로, 소수를 분수로 바꾸어 셈을 해 봅니다.

〈도형의 대칭〉 도형을 나누거나 포개는 방법으로 '대칭'에 대해 이해합니다.

〈소수의 곱셈〉 소수의 곱셈도 자연수의 곱셈과 같은 원리임을 이해하고, 곱셈을 할 때 소수점의 이동에 유의해야 함을 압니다.

〈소수의 나눗셈〉 소수가 분수의 다른 형태라는 것과 자연수의 셈과 다른 점이 없다는 것을 이용해서 다양한 방법으로 나눗셈을 해 봅니다.

〈비와 비율〉 분수의 원리로 '비와 비율'에 대한 개념을 이해합니다.

6학년

〈분수의 나눗셈〉 나눗셈이 곱셈의 반대임을 이용하여 분수를 뒤집어 곱셈식으로 바꾸는 방법을 이해합니다.

〈소수의 나눗셈〉 분수를 소수로, 소수를 분수로 나타내는 방법을 통해 분수와 소수의 밀접한 관계를 이해합니다.

〈각기둥과 각뿔〉 입체도형의 형태를 정의하는 원리를 배웁니다.

〈여러 가지 입체도형〉 정육면체를 쌓아 만든 다양한 도형들을 다양한 방향에서 보며 그 변화된 모습을 관찰함으로써 입체도형에 대한 공간 지각 능력을 향상시킵니다.

〈비율 그래프〉 비율은 '전체에 대해 각 부분이 차지하는 정도' 이므로 왜 비율 그래프에 원그래프와 띠그래프가 어울리는지 이해합니다.

〈비례식〉 비례식이 '값이 같은 두 비를 등식으로 나타낸 것' 임을 알고 실제로 어떻게 응용되는지 알아봅니다.

〈연비와 비례 배분〉 셋 이상의 수도 비례식으로 나타낼 수 있음을 알고 활용해 봅니다.

〈분수와 소수의 혼합 계산〉 분수를 소수로, 소수를 분수로 바꾸면 함께 계산할 수 있음을 이해합니다.

〈원기둥과 원뿔〉 원주와 지름의 비례를 이용하여 원의 넓이를 구하는 원리를 깨닫고, 원으로 만들어진 입체도형의 넓이와 부피를 구합니다.

〈겉넓이와 부피〉 입체도형에만 있는 '겉넓이' 와 '부피' 에 대해 이해하고 그 값을 구해 봅니다.

〈원기둥의 겉넓이와 부피〉 원기둥도 다른 각기둥과 마찬가지 원리로 겉넓이와 부피를 구할 수 있음을 이해합니다.

〈경우의 수와 확률〉 동전 던지기와 주사위 던지기로 나오는 경우의 수를 활용하여 '확률' 에 대한 개념을 익힙니다.

〈정비례와 반비례〉 점점 늘어나는 비례와 점점 줄어드는 비례가 있음을 알고, 그것이 곱셈, 나눗셈과 관계가 있음을 이해합니다.

종이를 42번 접으면 지구와 달을 연결할 수 있다?

여러분, 종이접기 많이 해 봤지요? 종이를 반으로 접고 접고 또 접으면 몇 번이나 접을 수 있을까요? A4용지를 직접 접어 봅시다. 예상 외로 7번 이상 접기 어렵다는 것을 알 수 있습니다. 더 얇고 넓은 신문지를 이용해도 겨우 한 번 정도 더 접을 수 있을 뿐이지요.

이렇게 종이를 여러 번 접을 수 없는 이유는 접으면 접을수록 종이의 두께가 배수로 늘어나기 때문입니다. 한 번 접을 때마다 종이 두께는 2배씩 늘어납니다. 한 번 접힌 종이를 한 번 더 접으면 2에서 4로 2만큼 늘어나지만, 열 번 접힌 종이를 한 번 더 접으면 1,024에서 2,048로 늘어나지요.

그렇기 때문에 두께가 0.1mm밖에 안 되는 종이도 42번을 접으면 두께가 439804651110.4mm! 약 44만km가 되는 것입니다. 이 길이는 지구 둘레의 11배나 되며, 지구에서 달까지의 거리보다도 길답니다.

엇! 밖에 웬 전화기가?

여… 여보세요?

버, 범인은… 노랑머리… 윽!

예? 버, 범인이 노랑머리라고요?

전화가 갑자기 끊겼어. 웬 할머니 목소리였는데….

여기 쪽지가 있다.

빌라 살인 사건 용의자

이웃끼리 서로 잘 아는, 오래 된 빌라에서 일어난 살인 사건! 범인은 할머니가 죽기 전 말한 노랑머리! 그런데 빌라에는 당시 노랑머리가 5명. 과연 누가 범인일까?

으아~ 5명이나 되는데 어떻게 찾지?

한진숙(24세)
302호에 살며 애완견 때문에 할머니와 다툼이 있었음. 사건 당시 개들과 놀고 있었다고 함.

구기중(27세)
202호에 살며 돈 빌린 문제로 할머니와 다툼이 있었음. 사건 당시 컴퓨터를 하고 있었다고 함.

김소희(25세)
101호에 살며 평소 할머니와 친했음. 사건 당시 잠을 자고 있었다고 함.

심석윤(24세)
김소희의 친척. 미국에서 오랜만에 놀러 옴. 사건 당시 옥상에서 줄넘기를 하고 있었다고 함.

정동균(34세)
401호에 살며 취직을 못해서 사회에 불만이 많음. 사건 당시 목욕을 하고 있었다고 함.

문이 있다!

정답은 맨 뒷페이지에

4 수의 개념을 알면 수학이 만만해진다

초등 저학년 학생들에게 문제를 내 보면 흥미로운 점을 발견할 수 있습니다. 5+6 은 쉽게 풀면서 5,000+6,000은 잘 모른다는 것이지요. 하지만 고학년 학생들은 5+6 문제와 별반 다를 게 없는 쉬운 문제임을 알지요.

이런 차이는 어디에서 오는 걸까요? 바로 '**수의 개념을 얼마나 이해하고 있는가**' 에 있습니다.

알고 보면 수는 굉장히 단순합니다. 얼마나 단순하냐 하면, 딱 10개의 숫자로만 되어 있을 정도로 단순하지요. 생각해 보세요. 큰 수든, 작은 수든 0부터 9까지의 숫자 이외에 다른 숫자가 들어 있는 경우는 없지요? 단지 그 숫자가 '어떤 자리에 들어가 있는가'의 차이만 있을 뿐입니다.

작은 수의 셈은 쉽지만 큰 수의 셈은 어렵다고요? 아닙니다. 큰 수의 셈은 단지 시간이 좀 더 걸릴 뿐이지 작은 수의 셈과 다를 것이 하나도 없습니다. 다음 장을 넘겨 이 말이 사실인지 확인해 봅시다.

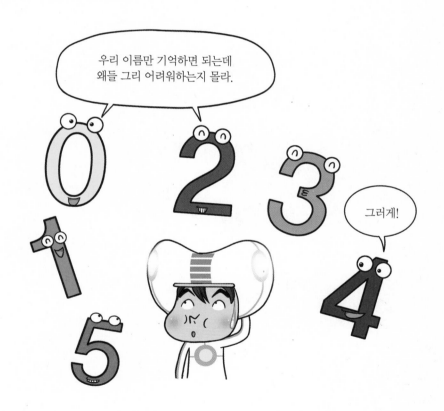

$$5+5=?\quad 50+50=?\quad 500+500=?$$

이 문제를 어려워하는 학생은 아무도 없을 것입니다.

그럼 이 문제는 어떨까요?

$$5,555+5,555=?$$

갑자기 머리가 복잡해지나요?

5,555란 수를 자릿수별로 묶어 봅시다.

$$5,555=5,000+500+50+5$$

그럼 5,555+5,555는 이렇게 나타낼 수 있겠죠?

$$(5,000+5,000)+(500+500)+(50+50)+(5+5)=11,110$$

자, 어떻습니까? 이렇게 덩어리로 묶어 놓으니 한눈에 답이 보이죠?

이렇듯 큰 수의 셈은 작은 수의 셈을 여러 번 하는 것일 뿐이지 더 높은 수준의 계산력을 필요로 하는 게 아닙니다. 이제 큰 수라고 해서 두려워하지 마세요. 아무리 큰 수라도 하나의 덩어리로 묶어 보면 별거 아니니까요.

큰 수의 셈은 작은 수의 셈을 여러 번 하는 것일 뿐!

1+1에서 발전한 사칙연산

'사칙연산'이란 셈의 기본, 즉 덧셈, 뺄셈, 곱셈, 나눗셈을 뜻합니다. 이 4가지 셈의 원리는 초등학교 1학년 때 '가르기와 모으기'를 통해 모두 배웠다고 할 수 있지요.

초등학교 1학년 때 곱셈과 나눗셈의 원리를? 정말 그런지 바둑돌 6개를 준비해 두 부분으로 나눠 봅시다. 그럼 이렇게 세 가지 형태가 나오겠죠?

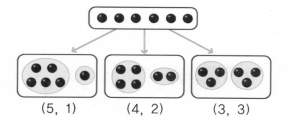

우선 나누어진 돌들의 합을 통해 덧셈의 원리를 알 수 있습니다.

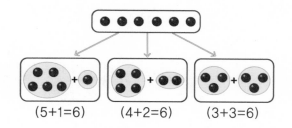

그리고 나누어진 돌의 한 부분을 떼어내면 뺄셈의 원리를 알 수 있지요.

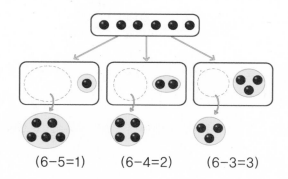

다음에는 바둑돌 6개를 같은 수로 묶어 봅시다. 그럼 세 가지 형태가 나오지요.

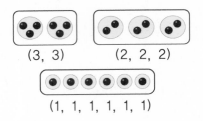

첫 번째 경우는 3이 2개, 두 번째는 2가 3개, 세 번째는 1이 6개네요. 여기서 곱셈의 원리를 알 수 있습니다.

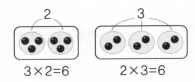

그리고 '6'은 '3' 두 개로 가를 수 있고, '2' 세 개로 가를 수 있으며, '1' 여섯 개로 가를 수 있다는 것을 이렇게 식으로 표현할 수 있습니다. 이것이 바로 나눗셈의 원리이지요.

$$6 \div 3 = 2(6은 3이 두 개), \quad 6 \div 2 = 3(6은 2가 세 개), \quad 6 \div 1 = 6(6은 1이 여섯 개)$$

이 형태는 이렇게 분수로도 나타낼 수 있지요.

$$\frac{6}{3} = 2, \quad \frac{6}{2} = 3, \quad \frac{6}{1} = 6$$

어떤가요? 이렇게 보니 곱셈, 나눗셈도 별거 아니지요? 이보다 더 복잡한 셈과 공식들도 이런 방법을 통해 만들어진 것입니다. 그러니 어려운 수학 공식이 나온다고 두려워할 필요 없습니다. 방금 설명한 원리를 이해했다면 충분히 풀 수 있으니까요.

사칙연산을 놀이처럼 공부할 수 있는 재미있는 방법을 소개합니다.

자, 문제! '4'를 네 번 사용하고, 반드시 사칙연산만을 이용하여

0, 1, 2, 3, 4, 5, 6, 7, 8, 9를 만들어 봅시다.

먼저 '0'을 만들어 볼까요? 가장 쉽게 생각할 수 있는 방법은 이런 것이겠네요.

$$4+4-4-4=0$$

조금 더 깊이 생각한 친구는 이런 방법을 사용했을 수도 있고요.

$$(4 \div 4)-(4 \div 4)=0, \ (4 \times 4)-(4 \times 4)=0$$

그럼 1도 만들 수 있을까요? 아래 답을 손으로 가리고 여러분이 먼저 만들어 보세요.

$$(4 \div 4)+(4-4)=1, \ (4 \times 4) \div (4 \times 4)=1, \ (4+4) \div (4+4)=1$$

그럼 나머지 2부터 9까지는 여러분이 직접 만들어 보세요. 최대한 스스로 해 보고 뒷장을 넘기기 바랍니다. 그리고 보너스 문제! 9를 네 번 사용해서 100을 만들어 보세요. 정답을 맞히면 당신은 수학자가 될 자질을 충분히 갖고 있습니다.

4를 네 번 사용하고 사칙연산만을 이용하여 0, 1, 2, 3, 4, 5, 6, 7, 8, 9 만들기

$0=4+4-4-4$, $1=(4÷4)+(4-4)$, $2=(4÷4)+(4÷4)$, $3=(4+4+4)÷4$,

$4=4×(4-4)+4$, $5=(4×4+4)÷4$, $6=(4+4)÷4+4$,

$7=(4+4)-(4÷4)$, $8=4+4+4-4$, $9=4+4+(4÷4)$

위의 방법 외에도 여러 가지 방법이 있으니 위의 답과 다른 답이 나올 수도 있습니다. 그리고 보너스 문제의 답은 찾았나요? 너무 어렵다고요? 그럼 답을 한번 볼까요?

$99+(9÷9)=100$

"어? 9 두 개로 99를 만드는 것은 반칙 아닌가요?"

하하하, 문제를 다시 한 번 보세요. 9를 네 번 사용하는 조건에 어긋난 점이 있나요? 분명 9가 네 번 들어갔으니 잘못된 점은 없습니다. 수학 문제를 풀 때는 고정 관념을 깨야 합니다. 위대한 업적을 남긴 수학자들처럼 말이죠.

그러나 이 문제를 틀렸다고 해서 수학자의 자질이 없는 건 아니니 걱정 마세요. 이런 문제를 푸는 능력은 연습을 통해서 충분히 기를 수 있으니까요.

❶ 2 다섯 개, 덧셈 기호만을 사용하여 28을 만드세요.
❷ 8 여덟 개, 덧셈 기호만을 써서 1,000을 만드세요.

답 : $(22+2+2+2=28)$, $(888+88+8+8+8=1,000)$

그럼 4를 네 번 사용하여 재미있는 시계를 그려 봅시다.

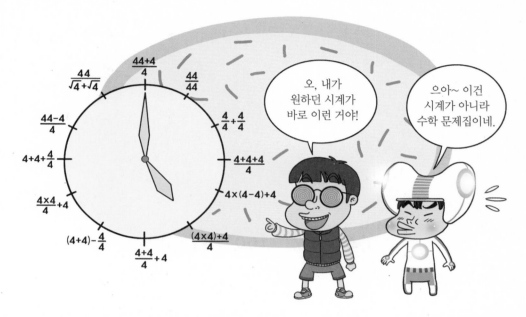

이것 참 재미있지요? 시간을 알기 위해 계산을 해야겠지만 시계를 볼 때마다 연산 훈련도 되니 좋은 점도 있지요. 그런데 11시에 처음 보는 수학 기호가 있지요? 11은 사칙연산만으로 나타낼 수 없기 때문에 다른 연산 기호를 사용한 것입니다.

$\sqrt{}$는 '루트'라고 부르며 '제곱(같은 수를 두 번 곱함)하여 루트 안의 수가 되는 수'를 뜻합니다. $\sqrt{9}$는 $3 \times 3 = 3^2 = 9$ 즉, 3을 제곱하면 9가 되기 때문에 $\sqrt{9}=3$이 되는 것이죠. 그렇다면 $\sqrt{4}$는? 맞습니다. 2입니다.

옆 사진은 9를 세 번 사용하고 다양한 연산 기호를 활용해서 만든 시계입니다. 초등 과정에서는 나오지 않는 기호들도 보이는군요.

47

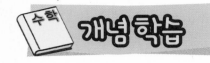

개념 학습

여러 가지 수의 개념

말풍선: '하나'만 기억하라고, 하나만!

　자연수, 정수, 유리수, 무리수, 분수, 소수 등 수의 종류는 다양합니다. 하지만 어렵게 생각할 것 없습니다. 이런 다양한 수도 모두 '하나'에서 출발했으니까요.

자연수 – 말 그대로 가장 먼저 생겨난 기초적인 수를 뜻합니다. 사물의 순서나 수량을 명확하게 나타낼 수 있는 수이지요. '양의 정수'라고도 부릅니다.

$$1, 2, 3, 4, 5, 6, 7 \cdots 100, 101, 102 \cdots$$

정수 – 자연수만으로 셈을 하다 보니 작은 수에서 큰 수를 뺄 때 문제가 생겼습니다.

$$2-4=? \quad 4-4=? (자연수로 나타낼 수 없다.)$$

　그래서 자연수 뒤에 부족함을 뜻하는 의미의 '-'를 붙이고 '음의 정수'라고 하게 되었죠. 자연수(양의 정수)와 '없다'라는 의미의 '0', 그리고 음의 정수를 합해 '정수'라고 합니다.

$$\cdots -4, -3, -2, -1, 0, 1, 2, 3, 4, 5 \cdots$$

음의 정수　　　　　양의 정수

분수 – 정수만으로 셈을 하다 보니 이번엔 정수로 나누어지지 않는 나눗셈을 할 때 문제가 생겼습니다.

$$7 \div 5=? \quad 4 \div 7=? (정수로 나타낼 수 없다.)$$

　그래서 이 값을 나타내기 위해 나누어지는 수를 분자로, 나누는 수를 분모로 한 형태의 수를 만들게 되었죠.

$$\frac{7}{5}, \ \frac{4}{7}, \ \frac{1}{5}, \ \frac{1}{4} \cdots$$

소수 – 하지만 분수로 나타내면 그 수의 크기가 얼마나 되는지 알기 어려운 문제가 생겼습니다.

$\dfrac{7}{5}$과 $\dfrac{11}{8}$ 중 어느 수가 더 큰가?(쉽게 알 수 없다.)

그래서 정수로 나누어지지 않는 수 뒤에 소수점을 찍고 계속해서 나누는 방법을 사용하여 나타내게 되었지요. 소수점 뒤의 수를 '소수'라고 하기 때문에 소수는 항상 0보다 크고 1보다 작게 됩니다.

$\dfrac{7}{5}$=1.4, $\dfrac{11}{8}$=1.375($\dfrac{7}{5}$이 더 크다는 것을 바로 알 수 있음.)

무리수 – 무리수는 '정확한 값을 나타내는 것은 무리다'라는 의미입니다. 앞장에 나온 '$\sqrt{}$'로 나타낸 수들이 그 예죠. $\sqrt{9}$ 같은 경우는 '제곱해서 9가 되는 수'니까 '3'이란 답이 정확히 나오는데 $\sqrt{2}$ 같은 수는 계산이 무척 어렵죠. 이 값을 소수로 나타내면 어떻게 될까요?

$\sqrt{2}$ =41421356237309504880168872420969807856967187537694807317667973799073247 84628462…(끝이 없습니다.)

그래서 이렇게 어떤 값이 나올지 알 수 없는 수를 '무리수'라고 합니다. 앞서 설명한 정수와 분수는 값을 나타낼 수 있다는 의미에서 '유리수'라고 하지요.

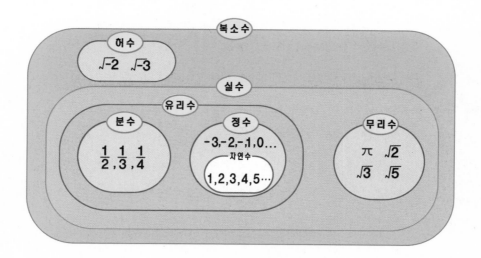

피타고라스의 비밀 명령

위대한 수학자 피타고라스는 종교가이자 철학자, 수학자로 수학은 물론 음악, 과학, 철학 등에 큰 업적을 남긴 인물입니다. 그런 피타고라스가 자신의 부족한 점을 숨기기 위해 제자들의 입을 다물게 한 일화가 있어 소개합니다.

피타고라스는 '직각삼각형'에서 빗변의 제곱은 나머지 변을 각각 제곱하여 더한 값과 같다는 '피타고라스의 정리'를 발견했습니다.

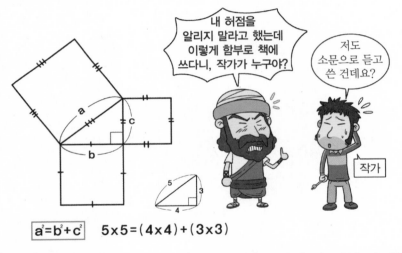

$$a^2=b^2+c^2 \quad 5 \times 5 = (4 \times 4) + (3 \times 3)$$

이 정리는 직각삼각형에서 두 변의 길이만 알면 나머지 한 변의 길이를 알 수 있기 때문에 매우 유용한 수학 원리이지요.

그런데 빗변을 제외한 변이 각각 1이라고 한다면 빗변은 제곱해서 2가 되는 수여야 하는데($a^2=2$, $a=?$), 제곱해서 2가 되는 수는 당시에 사용하던 자연수로는 나타낼 수 없었기 때문에 피타고라스는 제자들에게 이 허점이 소문나지 않도록 신신당부했답니다. 이것이 무리수의 시작이라고 합니다.

생각해 보니 아주 간단한 문제였네.

수학적 추리 문제는 가장 기본적인 것에 답이 있는 경우가 많아.

오, 집이다!

뭐 먹을 거 없나?

잠깐! 여기에도 문제가 있어.

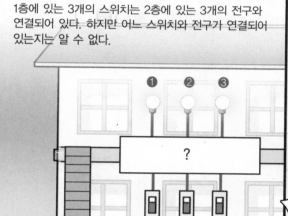

1층에 있는 3개의 스위치는 2층에 있는 3개의 전구와 연결되어 있다. 하지만 어느 스위치와 전구가 연결되어 있는지는 알 수 없다.

① ② ③

?

A B C

2층에 단 한 번만 올라가 보고 모든 스위치와 전구의 연결 상태를 알아야 한다.

헉! 딱 한 번만 올라가 보고?

전부 끄거나 켜도 알 수 없고, 하나만 켜도 나머지 2개는 알 수 없잖아?

하나만 켜고 올라갔을 때 켠 스위치와 켜진 전구의 연결 상태는 알지만 꺼진 두 개의 연결 상태는 알 수 없다.

두 개 켜고 올라갔을 때 1층에서 2개의 스위치를 켰기 때문에 어느 스위치에 어떤 전구가 연결되었는지 알 수 없다.

신중히 생각하면 답이 나올 거야.

아하! 비밀은 전구의 특징에 있어!

?

정답은 맨 뒷페이지에

5 한꺼번에 묶으면 계산이 빨라진다

'좌르르르르~!'

무슨 소리일까요? 1년 동안 열심히 살을 찌운(?) 돼지저금통에서 쏟아져나오는 동전 소리입니다. 눈앞에 보이는 수많은 동전을 보니 그 동안 열심히 저축한 것 같아 뿌듯함과 함께 그 액수가 궁금해집니다.

그럼 지금부터 동전을 세어 볼까요? 최대한 빠르고 정확하게 말이죠. 여러분이라면 어떤 방법으로 동전을 세겠습니까?

고민을 조금이라도 한 친구라면 하나하나 세는 방법은 쓰지 않겠죠? 제가 처음 배운 방법은 동전을 두 개씩 묶어서 세는 것이었습니다. "둘, 넷, 여섯, 여덟, 열" 이런 식으로 말이지요.

그런데 세면 셀수록 숫자가 커지니 숫자를 세는 것도, 다음 숫자를 생각하는 것도 어려워졌습니다. 그래서 10개씩 모아놓고 한꺼번에 세는 방법을 사용해 보았지요. 확실히 쉬워졌습니다. 딱 '열'까지만 세어도 되고, 나중에 10개 묶음의 개수를 곱하기만 하면 되니까요.

동전 10개를 쌓아올린 후 그 높이와 같도록 다른 동전들을 쌓아 10개씩 묶는 방법을 사용했다고요? 오옷~ 놀랍습니다! 수학적 사고 능력이 아주 뛰어난 친구군요. 그런데 왜 동전을 세어 보라고 했을까요? 그 이유는 여기에 수학의 깊은 원리가 숨어 있기 때문입니다.

진법의 원리

우리가 지금 사용하는 숫자가 10개인 건 알고 있죠? 그런데 숫자가 꼭 10개가 있어야 하는 건 아닙니다. 더 적어도 되고 많아도 되지요. 숫자 2개만 있어도 충분히 수를 나타낼 수 있으니까요. 실제로 두 개의 숫자만 사용하는 나라도 있답니다.

오스트레일리아의 어느 지방 원주민들은 '1'을 뜻하는 '우라펀'과 '2'를 뜻하는 '오코사'로 수를 나타냅니다. '3'을 나타낼 때는 '오코사 · 우라펀' 즉, '2+1'로 나타내는 것이죠. 그럼 9는 어떻게 나타낼까요?

> 오코사(2) · 오코사(2) · 오코사(2) · 오코사(2) · 우라펀(1)=2+2+2+2+1

겨우 '9'를 나타내는데 너무 길어졌네요. 이런 식이라면 100은? 생각하기도 싫어지죠? 이처럼 사용하는 숫자가 적으면 편리하기보다 더 복잡해지는 것을 알 수 있습니다.

반면에 숫자가 많을수록 더 편리해질까요? 16개의 숫자가 있다고 가정해 봅시다.

0, 1, 2, 3, 4, 5, 6, 7, 8, 9, A, B, C, D, E, F

'15'를 위의 숫자로 나타내면 'F'가 되네요. 두 자리 숫자를 한 자리 숫자로 쓸 수 있으니 편리합니다.

그럼 '20'을 위의 숫자들로 나타내 봅시다. F 다음이 16인데 나타낼 숫자가 없으니 한 자리 올리고 뒤에 '0'을 붙이면 되겠네요. 우리가 9 다음에 한 자리 올리고 뒤에 '0'을 붙이는 것처럼 말이지요.

그럼 이렇게 나타낼 수 있겠군요.

$10_{(16)}=16$, $11_{(16)}=17$, $12_{(16)}=18$, $13_{(16)}=19$, $14_{(16)}=20$

음… 그리 썩 편리해 보이진 않지요?

앞서 동전을 10개씩 묶어 세는 방법을 여기서 사용하려면 16개씩 묶어야 하는데, 그럼 시간도 더 걸릴 듯하고요.

이렇게 보니 숫자가 10개 있는 것이 가장 편리하게 생각되지 않나요? 맞습니다. 오늘날 우리가 사용하는 10개의 숫자는 오랜 시간에 걸쳐 가장 편리하도록 정해진 것이니까요.

이렇게 숫자 10개만을 사용하여 수를 나타내는 방법을 '10진법'이라고 합니다. 그러니까 2개를 사용해 나타내면 '2진법', 16개를 사용해 나타내면 '16진법'이라고 하는 것이죠.

큰 수를 간단하게!

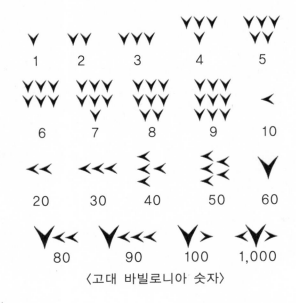

〈고대 바빌로니아 숫자〉

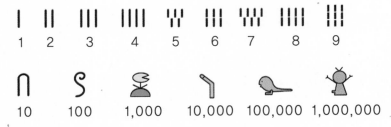

〈고대 이집트 숫자〉

위의 그림들은 뭘까요? 그림 아래에 숫자가 있는 걸 보니… 수를 나타내는 숫자! 맞습니다. 위는 고대 바빌로니아의 숫자, 아래는 고대 이집트의 숫자입니다.

잘 보면 9까지는 그 수만큼 찍거나 그었지만, 10에서는 간단한 다른 형태로 바뀐 걸 알 수 있지요? 10씩 묶어 세는 것이 편리하다는 것을 고대인들도 알고 있었군요.

그럼 지금의 숫자가 고대 '국가의 숫자보다 큰 수를 나타내는 데 얼마나 편리하게 바뀌었는지 비교해 봅시다.

$$542 \Rightarrow \text{SSSSS} \cap\cap\cap\cap\text{II}$$

중국식

五百四十二

로마식

DXLII

이렇게 비교해 놓고 보니 우리가 사용하는 '아라비아 숫자' 가 얼마나 편리한지 알 겠죠? 아라비아 숫자는 또한 셈을 할 때도 무척 편리한 숫자입니다. 간단한 세로셈 덧셈 문제로 비교해 봅시다.

로마식

DXXXVI
+CCXV
DCCXXXXVVI
700   50   1

536
+215
751

이렇게
간단히 셈할 수 있게
된 걸 감사하라고.

난 이것도
어려운데….

아라비아 숫자 이전에 가장 발전한 숫자였던 로마 숫자로도 이렇게 복잡하게 나타 납니다. 아라비아 숫자가 없었다면 우리는 왼쪽과 같은 셈을 하고 있을지도 모르지 요. 으아~ 생각만 해도 머리가 어지럽지요?

하지만 아무리 아라비아 숫자가 편리하다 해도 엄청나게 큰 수를 나타내는 데는 무리가 있지요. 우리에게 익숙한 수인 '백만' 만 하더라도 숫자를 7개나 늘어놓아야 하니까요. 집값을 나타낼 때 사용하는 '억' 만 해도 숫자를 9개나 늘어놓아야 합니다. 그래도 이 정도는 양호한 편이지요.

태양에서 가장 가까운 별(항성)의 거리는 얼마나 될까요? 엄청나게 멀다는 건 알겠지요? 그럼 숫자로 나타내면 얼마나 길게 써야 할까요? 태양에서 가장 가까운 별은 '프록시마' 라는 별인데, 태양과 약 4.2광년 떨어져 있습니다.

어라? 생각보다 간단하게 쓸 수 있네요? 그런데 '광년' 이라는 단위가 생소합니다. 우리는 거리를 나타낼 때 보통 '미터(m)' 나 '킬로미터(km)' 를 쓰는데 말이지요. 그럼 '광년' 이란 단위를 '미터' 로 바꾸어 봅시다.

> 1광년=9,454,254,955,488,000m
> '구천사백오십사조이천오백사십구억오천오백사십팔만팔천 미터'

쓰는 것도 복잡하지만 읽는 건 더 어렵군요. 그럼 반대로 아주 작은 수를 볼까요? 작은 수라고 해서 무시해선 안 됩니다. 왜냐고요? 아래 수를 보세요.

$$\frac{1}{1,700,000,000,000,000,000,000,000,000} \text{kg(0이 26개)}$$

이 분수는 물질의 기본 단위인 '원자' 속에 들어 있는 '양성자'의 질량을 나타낸 것입니다. 이건 쓰는 건 둘째치고 어떻게 읽어야 할지도 모르겠군요.

그런데 여러분이 중학생이 되면 이렇게 크고 작은 수를 만나야 합니다. 어때요? 서서히 올라가고 있던 자신감이 뚝 떨어지는 느낌이 들지요? 하하, 걱정 마세요. 알고 보면 이런 수들은 바람만 잔뜩 든 풍선이나 다름없으니까요. 바람을 빼면 이런 수 역시 만만해집니다. 지금부터 함께 바람을 빼 보자고요.

큰 수를 간단하게 나타내기

  큰 수를 간단하게 나타내는 방법은 '0'의 개수만 셀 줄 알면 됩니다. 100은 0이 두 개, 1,000은 세 개, 10,000은 네 개. 그럼 이렇게 나타낼 수 있습니다.

> $100=10^2$ $1,000=10^3$ $10,000=10^4$
>
> (0이 2개) (0이 3개)   (0이 4개)

  어때요? 아주 쉽죠? 그럼 먼저 '1광년'을 정리해 봅시다.

  9,454,254,955,488,000m같이 큰 수의 경우 뒷부분의 수들은 큰 의미가 없게 됩니다. 그래서 이런 수들은 보통 앞 4자리에서 반올림하고 그 뒤의 숫자들은 모두 0으로 만들지요. 이렇게요.

  이렇게 해 놓으니 한결 단순해 보입니다. 그럼 이번엔 길게 늘어선 '0'들을 정리할 차례군요. 맨 앞 숫자 뒤에 소수점을 찍고 곱셈식으로 나타내면,

> $9.45 \times 100,000,000,000,000 = 9.45 \times 10^{15}$

  어떻습니까? 정말 바람 뺀 풍선처럼 줄어들었지요? 이런 방법이면 아무리 큰 수라도 보기 쉽게 나타낼 수 있겠죠?

작은 수도 같은 방법을 사용할 수 있습니다. 단, 분수의 경우는 분모 쪽의 수에 '-' 부호를 사용하면 되지요.

$$\frac{1}{1,700,000,000,000,000,000,000,000,000}=1.7\times10^{-27}$$

세 자리마다 찍혀 있는 쉼표를 활용하면 세 자리씩 9묶음이니까 27개!

그런데 이렇게 단순화시켰어도 '어떻게 읽어야 하는가.' 하는 문제가 있습니다. 하지만 '일, 십, 백, 천' 까지 읽을 수 있으면 누구나 쉽게 큰 수도 읽을 수 있지요. '천' 다음에는 이름이 '만' 으로 바뀌며 다시 앞에서 사용했던 이름을 사용하니까요.

일, 십, 백, 천, (일)만, 십만, 백만, 천만, (일)억, 십억, 백억, 천억…

따라서 4자리마다 바뀌는 이름만 알고 있으면 되는 것입니다.

●우리나라(4자리마다 명칭이 바뀜)●
만=10^4 억=10^8 조=10^{12} 경=10^{16}
해=10^{20} 자=10^{24} 양=10^{28} 구=10^{32}
간=10^{36} 정=10^{40} 재=10^{44} 극=10^{48}
항하사=10^{52} 아승기=10^{56}
나유타=10^{60} 불가사의=10^{64}
무량수=10^{68}

● 서 양(3자리마다 명칭이 바뀜)●
사우전드=10^3 밀리언=10^6 빌리언=10^9

컴퓨터는 0과 1만 알고 있다?

여러분은 궁금하거나 꼭 찾아야 하는 정보가 있으면 어떤 방법을 사용하나요? 대부분 인터넷 검색을 할 것입니다. 그만큼 컴퓨터는 똑똑하니까요. 어려운 계산, 복잡한 문서 작성, 중요한 자료 전송 등 못하는 것이 없습니다. 지금은 휴대전화 속까지 들어와서 우리의 생활을 편리하게 해 주고 있지요.

그런데 이렇게 똑똑한 컴퓨터가 '0과 1' 밖에 모른다는 사실! 전기가 통하면 '1', 통하지 않으면 '0' 이라는 두 개의 신호를 가지고 작업을 수행하는 것이지요. 하지만 아래 그림처럼 이 두 가지 수만 있어도 모든 수를 나타낼 수 있습니다.

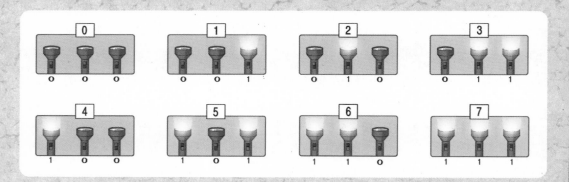

이것을 2진수라고 하는데, 10진수에 비해 숫자를 길게 써야 하는 단점이 있지요. 하지만 컴퓨터는 그 숫자들을 쉽게 파악하고 빠르게 계산할 수 있기 때문에 아무 문제가 되지 않는 것입니다.

3층으로 가는 문이 잠겨 있어.

문에 뭔가 적혀 있다.

단순한 수학 문제인 거 같은데… 문제가 좀 이상해.

1. 5는 0에게 이기지만 2에게는 진다. 그런데 2는 0에게 진다. 이것은 어떤 놀이를 설명한 것일까?

2. $7+3=10$, $9+4=1$, $6+5=11$ $9+8=5$라면 $7+7$은?

5가 0에게 이긴다는 건 이해가 되는데, 왜 2에게는 진다는 거지? 이거 엉터리 문제네!

오! 탐돌이 네 덕분에 알 것 같아!

손가락으로 숫자를 나타내면 0, 2, 5는 주먹, 가위, 보가 돼!

아하! 그러니까 0은 2에게 이기고… 가위바위보놀이였구나!

그런데 두 번째 문제는 정말 이상해. $7+3$, $6+5$의 답은 맞는데 다른 답은 틀리거든.

으음… 이건…

이 문제를 푸는 열쇠는 이 공간 안에 있어!

두리번

두리번

뭐, 정말?

정답은 맨 뒷페이지에

6 곱셈과 나눗셈은 쌍둥이다

곱셈구구 가족모임

게임 브리핑

우리 둘은 쌍둥이야. 서 있는 모양이 다를 뿐이지.

아무리 봐도 닮은 점이 없는데?

학생들을 대상으로 설문 조사를 해 보면 수학이 갑자기 어렵게 느껴지는 시기가 3~4학년부터라고 합니다. 이 시기는 곱셈과 나눗셈이 본격적으로 등장하는 시기입니다.

곱셈과 나눗셈만 해도 벅찬데 분수와 소수까지 등장하니 어려움을 느낄 만도 하네요. 그런데 이것들 또한 모양만 조금 다를 뿐이지 모두 같은 원리를 가지고 있다는 사실을 알고 나면 별것 아니라는 생각이 들 것입니다.

곱셈은 '같은 수를 여러 번 더할 때 편리하도록 만든 것' 임을 알고 있습니다. 그래서 꼭 '곱셈구구' 를 외워야 하지요. 하지만 곱셈구구는 공부라기보다는 노래를 외우는 것과 같습니다.

웬만하면 처음 배우는 노래도 하루면 다 외웁니다. 그것도 3절 이상 되는 노래를 말이지요.

곱셈구구는 9절이니 3일이면 되겠군요? 곱셈구구는 게임으로 활용할 수도 있습니다. 박자에 맞추어 문제를 내면 박자에 맞추어 답을 하는 것이죠.

그런데 이렇게 노래를 부르듯, 게임을 하듯 외울 수 있는 곱셈구구만 외우면 앞서 이야기한 곱셈, 나눗셈, 분수, 소수를 이미 알고 있는 것과 다름없습니다. 왜냐하면 이것들은 모두 곱셈구구의 가족이기 때문입니다. 무슨 소린지 잘 모르겠다고요? 고민할 거 없습니다. 바로 다음 장을 넘기세요.

곱셈을 알자

$6 \times 8 =?$ $8 \times 6 =?$

곱셈구구를 외운 친구라면 이 정도 문제는 아무것도 아니지요? 두 문제 다 답은 48입니다. 곱셈에서는 앞뒤가 바뀌어도 답에 변함이 없다는 걸 알 수 있네요.

하지만 두 식이 같은 문제는 아닙니다. 앞의 문제는 '곤충 8마리의 총 다리 수는?' 이라는 문제에 맞는 식이고, 뒤의 문제는 '거미 6마리의 총 다리 수는?' 이라는 문제에 맞는 식이지요.

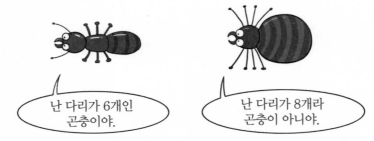

난 다리가 6개인 곤충이야.

난 다리가 8개라 곤충이 아니야.

별거 아닌 것 같지만 이 원리는 대단히 중요합니다. 곱셈으로 식을 만드는 문제를 어려워하는 친구들은 이 원리를 제대로 모르는 경우가 많지요. 자, 다음 문제를 봅시다.

$9 \div 3 =?$ $12 \div 6 =?$

이 정도 문제는 아주 쉽죠? 그런데 여러분이 곱셈구구를 몰라도 쉬웠을까요? 나눗셈은 곱셈식에서 ?의 위치만 바뀌었을 뿐이거든요.

$9 \div 3 =?$ ➡ $3 \times ? = 9$ $12 \div 6 =?$ ➡ $6 \times ? = 12$

이젠 왜 나눗셈을 곱셈구구의 가족이라고 했는지 이해가 될 것입니다.

나눗셈을 알자

하지만 여기서도 염두에 둘 것이 있습니다.

$$9 \div 3 = ? \qquad 3 \div 9 = ?$$

위의 식은 숫자의 순서만 바뀌었는데 답 또한 바뀌게 되었죠. 왜 곱셈과 달리 나눗셈은 같은 답이 나오지 않는지 생각해 봐야 합니다.

먼저 '9÷3'은 '아홉 개의 사탕을 세 덩어리로 나누려면 몇 개씩 묶어야 할까?' 라는 문제와 맞습니다. 그렇다면 '3÷9'는 '세 개의 사탕을 9부분으로 나누려면 몇 개씩 묶어야 할까?' 겠지요?

그럼 사탕 3개를 9개로 만들 수 있는 방법은 무엇일까요? 네! 깨뜨리면 됩니다. 아래 그림과 같이 사탕 한 개 당 3조각씩 내면 되지요. 그럼 그 조각 하나는 3조각난 것 중 하나이므로 $\dfrac{1}{3}$이 되는 겁니다.

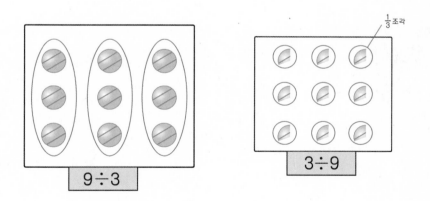

그럼 지금부터 앞에서 설명한 대로 곱셈과 나눗셈에 나오는 숫자들의 순서를 바꾸며 식을 세우는 훈련을 해 보세요. 곱셈과 나눗셈에 자신감이 붙을 것입니다.

분수를 알자

분수는 앞에서 설명한 나눗셈의 원리만 알고 있으면 더 이상 설명할 필요가 없습니다. 왜냐하면 분수 자체가 나눗셈이기 때문이죠.

분수를 보면 분자와 분모를 나누고 있는 '–' 기호가 있는데, 이 자체가 나누기를 뜻하는 것입니다. 즉, '분자 나누기 분모'인 것이지요. 그래서 분수는 아직 계산이 안 된 '식'이라고 볼 수도 있습니다.

$$\frac{2}{5} = 2/5 = 2 \div 5$$

하지만 분수에서도 중요한 원리를 알고 있어야 합니다. 아래의 두 식을 잘 보세요.

$$8 \div 2 = ? \qquad 8 \times \frac{1}{2} = ?$$

자, 답을 구하기에 앞서 이 두 식을 해석해 봅시다. '8÷2'는 '사과 8개를 두 모둠으로 나누려면 몇 개씩 묶어야 할까?'와 맞는 문제이고, '$8 \times \frac{1}{2}$'은 '사과 8개의 절반은 몇 개일까?'와 맞는 문제입니다. 그런데 잘 보면 두 문제가 서로 같음을 알 수 있습니다. 당연히 답도 똑같이 4가 되겠지요. 그럼 이 원리로 분수의 곱셈, 나눗셈은 완전히 파악한 것이나 다름없네요.

곱셈과 나눗셈은 '물구나무서기' 관계라는 걸 기억해!

자연수를 분수로 나타내면 아래와 같이 나타낼 수 있지요.

$$8 = \frac{8}{1} \qquad 2 = \frac{2}{1}$$

따라서 $8 \div 2 = \frac{8}{1} \div \frac{2}{1} = \frac{8}{1} \times \frac{1}{2}$

즉, 나눗셈에서 나누는 수의 분모와 분자를 뒤집으면 곱셈식으로 바꿀 수 있다는 것을 알 수 있습니다. 그럼 이젠 아래와 같은 문제도 간단하지요.

$$\frac{3}{2} \div \frac{2}{5} = \frac{3}{2} \times \frac{5}{2} = \frac{15}{4}$$

다 알고 있는 공식이라도 이렇게 원리를 되짚어 보는 것이 중요합니다. 왜 그런지 알고 답을 맞히는 사람과 모르고 맞히는 사람의 점수는 같아도 수학적 능력은 다르니까요.

그럼 위의 문제를 끝까지 풀어 봅시다. 어? $\frac{15}{4}$라는 답이 나왔는데 또 푼다고요? 하하, 분수는 나눗셈 식과 같다고 했으니 $15 \div 4$를 해야지요. 그럼 답은 3.75라는 소수가 나왔군요.

어떻습니까? 곱셈구구에서부터 소수까지 자연스럽게 그 원리가 정리되나요?

```
        3.75
   4 ) 15
        12
        30
        28
        20
        20
         0
```

배수와 약수를 알자

곱셈구구의 가족을 소개하면서 배수와 약수를 빼놓을 수 없군요. 배수는 곱셈구구 그 자체라고 볼 수 있습니다. 곱셈구구 3단의 답만 나열하면 3의 배수가 되지요.

> 2의 배수 2, 4, 8, 10, 12…(곱셈구구 2단의 답)
>
> 3의 배수 3, 6, 9, 12, 15…(곱셈구구 3단의 답)

2단은 2의 배수, 3단은 3의 배수야.

배수가 곱셈이라면 약수는 나눗셈과 같습니다. 어떤 수를 나누어 떨어지게 하는 수를 '약수'라고 하지요.

> 12의 약수 1, 2, 3, 4, 6, 12
>
> 15의 약수 1, 3, 5, 15

여기까지야 잘 알 것입니다. 그런데 교과서를 보면 '최소 공배수' '최대 공약수' 라는 게 나오는데 의외로 많이 어려워하더군요. 이것 한 가지만 생각해 보세요. 왜 '최대 공배수' 와 '최소 공약수' 라는 건 없는지.

우선 위의 배수들을 잘 보세요. 어떤 특징을 가지고 있나요? 배수들의 가장 큰 특징은? 맞습니다. 끝이 없다는 겁니다. 2의 배수 중 가장 작은 수는 '2' 이지만 가장 큰 수는 답을 알 수가 없지요. 반면 약수의 특징은 모든 수의 가장 작은 약수는 무조건 '1' 이라는 겁니다.

그럼 2의 배수와 3의 배수 중 공통으로 들어간 수 중 가장 작은 수는 '12' 라는 것을 알 수 있지요. 하지만 끝이 없는 수이기 때문에 공통으로 들어간 가장 큰 수는 알 수 없습니다.

약수도 마찬가지로 12와 15의 약수들 중 공통으로 들어간 가장 큰 수는 '3'이라는 것을 알 수 있지만, 공통으로 들어간 가장 작은 수는 무조건 1이기 때문에 가장 작은 수는 의미가 없습니다.

이젠 왜 '최대 공약수'와 '최소 공배수'만 있는지 알겠지요? 배수와 약수를 배울 때는 꼭 이 원리를 알고 넘어가야 합니다.

마지막으로 재미있는 문제 하나 풀어 봅시다. 지구상 모든 사람들의 머리카락 수를 곱하면 얼마나 될까? 황당해하는 친구가 있는가 하면 센스있게 정답을 맞히는 친구도 있을 겁니다. 정답은 '0'입니다. 왜냐고요? 머리가 하나도 없는 사람은 0을 곱해야 하니 결국 답은 '0'이 되는 것이죠. 왜 어떤 수라도 0을 곱하면 0이 될까요?

$$6 \times 0 = ? \quad 0 \times 6 = ?$$

위의 식을 해석해 보면 답이 나오지요. '6×0'은 '개미가 한 마리도 없는데 개미 다리 수는?'이고, '0×6'은 '과녁판에 0점을 6번 쏘면 점수는?'과 같은 의미이니까요.

매미의 수명은 소수?

수학에서 '소수'는 두 가지가 있습니다. '소수(小數)'는 0보다 크고 1보다 작은 수를 소수점을 찍어 나타낸 것이고, '소수(素數)'는 1과 자기 자신의 수로만 나누어 떨어지는 수를 뜻하지요. 3, 5, 7, 11, 13 같은 수를 뜻합니다.

그런데 신비한 건 매미의 수명을 잘 보면 유지매미와 참매미는 7년, 늦털매미는 5년, 북아메리카의 매미는 13년, 17년으로 수명이 모두 소수로 되어 있다는 것입니다. 매미들의 수명이 소수인 것이 단순히 우연일까요?

학자들은 두 가지 이유가 있다고 설명합니다. 한 가지는 천적 때문이고 또 한 가지는 먹이 때문이라고 하지요. 매미는 성충이 될 때까지 땅 속에 있다가 밖에 나와 날개를 달고 겨우 1개월을 살다가 생을 마감합니다. 그래서 천적이 많거나 먹이가 부족하면 번식을 할 수 없지요. 그런데 삶의 주기가 소수인 경우에는 소수의 특성상 천적들을 만날 확률이 적고 다른 매미들과 함께 밖으로 나올 확률도 줄어들게 되는 것입니다.

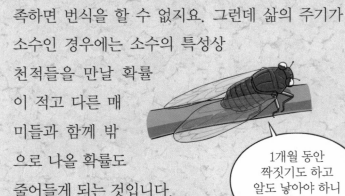

매미를 함부로 잡지 말아야겠어.

1개월 동안 짝짓기도 하고 알도 낳아야 하니 방해하지 마!

예 삶의 주기가 6년인 매미 : 삶의 주기가 2년인 천적, 3년인 천적과 6년마다 만난다.
삶의 주기가 7년인 매미 : 삶의 주기가 2년인 천적과는 14년마다, 3년인 천적과는 21년마다 만난다.

앗! 문을 열었더니 웬 원숭이가?

다음 문을 열려면 내가 먹은 바나나 개수를 맞혀야 해.

으억! 원숭이가 말을 한다?!

나도 말하는데?

그나저나 네가 몇 개 먹었는지 우리가 어떻게 알겠니?

내가 주는 힌트를 듣고 추리를 해 보셔!

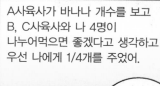

A사육사가 바나나 개수를 보고 B, C사육사와 나 4명이 나누어먹으면 좋겠다고 생각하고 우선 나에게 1/4개를 주었어.

넷이서 나누어먹기 딱 좋은 개수군. 우선 원숭이에게 1/4개 주자.

그런데 그 사실을 <u>모르고</u> B사육사가 남은 바나나의 1/4개를 또 나에게 주었지.

넷이서 똑같이 나누어먹자.

이게 웬 떡이냐?

C사육사도 마찬가지로 남은 바나나의 1/4개를 나에게 주었어.

배고프지? 우리 넷이서 똑같이 나누어먹자.

처음 바나나는 100개 이하이고 바나나를 잘라서 주지 않았다면 난 몇 개나 먹었을까?

너, 말할 줄 알면서 먹었다는 얘기를 안 했구나? 약아빠진 원숭이!

1/4씩 3번 주었다는 게 힌트로군.

정답은 맨 뒷페이지에

한자로 이해하는 수학 용어

수학 공부에 한자가 필요하다? 이해가 잘 안 되지요? 다른 과목이라면 몰라도 수학만큼은 한자와는 아무런 상관이 없을 것 같은데 말이죠. 하지만 우리가 배우는 과목 중 한자와 상관이 없는 과목은 하나도 없답니다. 왜냐하면 우리말의 70% 가까이가 한자어이기 때문이지요.

그래서 수학, 과학에 나오는 용어들을 보면 한자어들이 상당히 많습니다. "수학책에서 한자는 하나도 못 본 것 같은데?" 네, 맞습니다. 한글만으로도 충분히 책을 만들 수 있는데 굳이 한자를 쓸 필요는 없지요.

그런데 '한자'와 '한자어'는 다릅니다. 한자는 '漢' '字' 같은 글자이고, 한자어는 이런 한자로 된 말들을 한글로 나타낸 것이지요. '수학'이라는 용어도 '數學'이라는 한자를 한글로 나타낸 것입니다. 앞에서 이야기한 자연수(自然數), 정수(整數), 분수(分數), 소수(小數) 모두 한자어이지요.

그런데 여기서 주목할 점은 한자(漢字)가 '뜻글자'라는 것입니다. 뜻글자란 글자 하나하나에 의미가 담겨 있다는 것이지요. 한글 가, 나, 다, 영문 알파벳 a, b, c같이 소리만 있을 뿐 뜻은 없는 글자와 구별이 된다는 겁니다.

그래서 한자어를 구성하고 있는 한자 하나하나의 의미를 아는 것이 매우 중요합니다. 왜냐하면 한자 용어의 의미만 알아도 원리를 쉽게 깨달을 수 있기 때문이지요.

'ㄴ' 'ㅏ' 'ㅁ' 'ㅜ' = 🌳

't' 'r' 'e' 'e' = 🌳

木 = 🌳

먼저 앞에서 배운 수 관련 용어가 어떤 한자로 되어 있는지 살펴보죠. '자연수'에서 '자연'은 '자연을 지킵시다'라고 할 때의 자연과 같은 말입니다. 1, 2, 3, 4… 같은 수들은 하나하나 더해져 만들어진 기본적인 수이기 때문에 자연수(自然數)라고 하는 것이지요.

'정수'에서 정(整)은 '가지런하다'는 의미로, '정리' '정돈' 등에 쓰이지요. 정수를 보면 분수나 소수처럼 겹쳐 있거나 점이 찍혀 있지 않고 정돈되어 있는 느낌이 들지요?

'소수'의 소(小)는 '작다'는 뜻. 생각해 보세요. 소수점 이하의 수들은 0보다는 크지만 1보다는 작은 수입니다. 그러니 소수(小數)라는 말이 잘 어울리지요.

소리는 같지만 뜻은 다른 '소수(素數)'의 소(素)는 '희다, 꾸밈이 없는 것'을 의미하며 '소박하다'라는 말에 쓰입니다. '6'은 '1, 2, 3, 6' 등 4가지의 약수를 거느리지만 4, 7, 13 등의 소수는 단지 1과 자기 자신밖에 약수가 없지요. 소수는 정말 소박한 수라고 할 수 있지요.

'분수'의 분(分)은 '나누다'라는 의미. 분수의 모양을 생각해 보세요. 왜 분수라고 했는지 확실히 알겠죠?

그럼 '가분수(假分數)' '진분수(眞分數)' '대분수(帶分數)'에 나오는 가(假), 진(眞), 대(帶)의 의미를 살펴봅시다.

假 – 임시, 거짓=가상(假像), 가건물(假建物)
眞 – 참, 생긴 그대로=진실(眞實), 진정(眞情)
帶 – 띠, 두르다=혁대(革帶), 안대(眼帶)

그럼 용어들의 의미와 비교해 보죠. 우선 분수에서 분자(分子)와 분모(分母)는 '아들(子)'과 '엄마(母)'를 뜻합니다.

진분수   가분수   대분수

가분수 – 분자가 분모보다 큰 거꾸로 된 분수
진분수 – 분모가 분자보다 큰 진정한 분수
대분수 – 진분수의 허리에 자연수를 덧붙인 형태의 분수

어떻습니까? 한자의 뜻을 알고 나니 용어가 좀더 쉽게 느껴지지요?

이번엔 도형(圖形) 관련 한자 용어를 살펴봅시다.

삼각형, 사각형, 오각형 할 때의 각 (角)은 '뿔, 모서리'를 뜻하지요. 즉, '각'의 앞에 붙은 수에 따라 모서리의 수가 달라지는 것입니다.

그럼 직각(直角), 예각(銳角), 둔각(鈍角)은 무슨 뜻일까요? 直은 '곧다'는 뜻이고, 銳는 '예리하다', 鈍은 '무디다'는 뜻입니다. 그럼 용어의 정의와 비교해 봅시다.

> 직각 – 평면에 선을 곧게 내리그었을 때 생기는 각, 90도.
>
> 예각 – 직각(90도)보다 작은 각.
>
> 둔각 – 직각(90도)보다 크고 180도보다 작은 각.

그럼 '직각삼각형' '예각삼각형' '둔각삼각형'이 어떤 도형인지 쉽게 이해할 수 있겠죠?

한 내각이 직각	한 내각이 둔각	모든 내각이 예각
〈직각삼각형〉	〈둔각삼각형〉	〈예각삼각형〉

그렇다면 '정삼각형' '정사각형' '정오각형'의 '정(正)'은 무슨 뜻일까요? 正은 '정직' '정식' 등에 쓰이는 글자로 '바르다'는 의미입니다. '정'이 들어간 도형은 비뚤어지지 않고 규칙적이며 바른 형태로 되어 있음을 알 수 있지요.

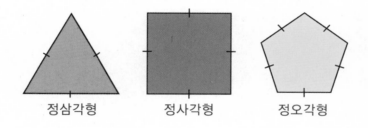

정삼각형	정사각형	정오각형

'사면체' '육면체' '팔면체'라는 용어도 있습니다. 입체 도형은 '각'보다는 '면(面: 얼굴, 겉표면)'의 개수가 모양을 결정하기 때문에 '면'이라는 말을 사용하지요.

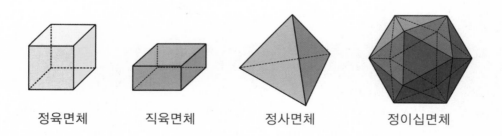

정육면체	직육면체	정사면체	정이십면체

이제는 여러분이 직접 한자의 의미를 찾아보고 용어의 정의와 비교해 보세요. 그럼 한자 실력이 늘어나서 수학뿐만 아니라 다른 과목 용어들을 이해하는 데도 큰 도움이 될 것입니다.

한자의 의미를 알고 나니 용어가 정말 쉽게 느껴지네!

평행사변형(平行四邊形) : 평행선 두 쌍으로 만들어진, 변이 4개인 도형.

수형도(樹型圖) : 나뭇가지처럼 한 줄에서 여러 줄로 나뉘는 형태로 설명하는 그림.

합동(合同) : 두 개의 도형이 크기와 모양이 같아 정확히 포개지는 것.

배수(倍數) : 어떤 수의 갑절이 되는 수.

약수(約數) : 어떤 수나 식을 나머지 없이 나눌 수 있는 수를 원래의 수나 식에 대하여 이르는 말.

약분(約分) : 분수의 분모와 분자를 공약수로 나누어 간단하게 하는 일.

통분(通分) : 분모가 다른 둘 이상의 분수나 분수식에서 분모를 같게 만드는 일.

점대칭(點對稱) : 한쪽 도형의 각 점과 정해진 한 점을 잇는 선분을 그 길이만큼 연장하여 얻을 수 있는 대응점들이 다른 쪽 도형과 일치할 때, 이들 도형이 이루는 관계.

선대칭(線對稱) : 도형 가운데 서로 대응하는 어느 두 점을 연결하는 직선이 모두 주어진 직선에 의하여 수직으로 이등분되는 위치 관계.

평행선(平行線) : 서로 만나지 않는 둘 이상의 직선.

대각선(對角線) : 마주 대하는 모서리끼리 연결한 선.

다각형(多角形) : 모서리가 많은 도형. .**각도(角度)**: 한 점에서 갈려나간 두 직선의 벌어진 정도.

전개도(展開圖) : 입체 도형의 표면을 한 평면 위에 펼쳐놓은 모양.

회전체(回轉體) : 평면 도형을 직선 축을 중심으로 회전시킬 때 생기는 입체.

초과(超過) : 정한 수효를 뛰어넘음.

미만(未滿) : 정한 수효에 미치지 못함.

이상(以上) : 수량이나 정도가 정한 기준과 같거나 많음.

이하(以下) : 수량이나 정도가 정한 기준과 같거나 적음.

백분율(百分率) : 전체 수량을 100으로 하여 그것에 대해 가지는 비율.

확률(確率) : 어떤 일이 일어날 가능성의 정도.

평균(平均) : 여러 수나 같은 종류의 양의 중간 값을 갖는 수.

대응점(對應點) : 합동 또는 닮은꼴인 다각형에서 서로 대응하는 두 점.

대응변(對應邊) : 합동 또는 닮은꼴인 다각형에서 어떤 대응에 의하여 서로 대응하는 변.

대응각(對應角) : 합동 또는 닮은꼴인 다각형에서 서로 대응하는 각.

최소 공배수(最小公倍數) : 둘 이상의 정수의 공배수 중에서 가장 작은 수.

최대 공약수(最大公約數) : 둘 이상의 정수의 공약수 중에서 가장 큰 수.

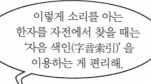

이렇게 소리를 아는 한자를 자전에서 찾을 때는 '자음 색인(字音索引)'을 이용하는 게 편리해.

이렇게 한자의 의미를 찾다 보면 중학 과정에서 새로 등장하는 수학 용어도 쉽게 이해할 수 있지요.

뉴턴의 건망증은 집중력 때문?

주변에 건망증이 심한 사람이 있나요? 그 사람이 기억력이 나쁘다거나 머리에 이상이 있을 거라고 단정짓지 마세요. 위대한 수학자 뉴턴도 그런 심각한 건망증을 가지고 있었으니까요.

'사과나무와 만유인력의 법칙' 으로 유명한 '아이작 뉴턴' 은 수학, 물리학, 천문학, 철학에 걸쳐 훌륭한 업적을 남긴 인물이지요. 그런데 뉴턴의 일화를 보면 그가 건망증이 매우 심했다는 것을 알 수 있습니다.

친구를 초대하고 포도주를 가지러 나갔다가 그대로 옷을 입고 교회로 갔는가 하면, 남이 먹은 음식을 자신이 먹은 줄 알고 끼니를 거른 적도 있지요.

그런데 그의 행동을 잘 보면 자신이 중요하다고 생각하는 일을 할 때는 강한 집중력을 보이고 있음을 알 수 있습니다.

그 강한 집중력 때문에 건망증이 생겼다고 볼 수도 있지요. 동시에 여러 가지 일을 잘하는 사람이 있는가 하면 한 가지 일밖에 못하는 사람도 있습니다. 하지만 그 중 누가 더 큰 일을 해낼지는 아무도 모르지요.

정답은 맨 뒷페이지에

8 장난감놀이로 익히는 도형의 개념

수학에서 도형만큼 우리 생활과 밀접한 관계에 있는 분야도 없습니다. 우리 주변의 건물, 가전제품, 주방용품, 필기구 이 모든 물건에 도형의 원리가 숨어 있지요. 그럴 수밖에 없는 이유는 도형이 시작된 이유를 보면 알 수 있습니다.

고대 이집트인들은 기름진 땅이 많은 나일 강 주변에 농사를 지으며 살았습니다. 하지만 홍수의 위험도 컸지요.

한번 홍수가 나면 어느 땅이 누구의 것인지 구분하기 힘들 정도로 망가져 버렸기 때문에 해결 방법을 찾아야만 했습니다. 그렇게 땅의 넓이를 잴 수 있는 방법을 연구한 것이 도형의 시작이 되었던 것이죠.

그 결과 인류는 정확한 길이와 넓이, 부피 등을 측량할 수 있게 되었고, 그만큼 정확한 부품이나 건축 재료를 만들어낼 수 있게 되면서 인류 문명은 큰 발전을 이루게 된 것입니다.

그렇다면 이런 도형 관련 수학의 원리는 어떻게 배우는 것이 좋을까요? 도형에 대해 잘 알고 싶으면 '장난감놀이'에 흥미를 가져봅시다. 수학 공부에 웬 장난감놀이냐고요? 하하, 장난감놀이도 방법에 따라서는 충분히 수학 공부가 될 수 있다니까요.

사각형의 넓이만 잴 수 있으면 모든 도형의 넓이를 잴 수 있다?

    장난감을 소개하기 전에 잠깐 도형의 넓이에 대해 알아보겠습니다. 앞에서 고대 이집트 측량사들이 땅의 넓이를 정확히 재었다고 했는데, 이들은 대체 어떤 방법을 사용한 걸까요?

    자, 아래 모눈종이 한 칸의 넓이를 '1'이라고 한다면 그 위에 그려진 사각형은 칸의 수만 세면 될 것입니다. 즉, 정사각형이나 직사각형의 넓이는 가로 길이에 세로 길이를 곱하면 된다는 것을 쉽게 알 수 있지요.

    그러나 이집트 측량사들이 넓이를 재야 할 땅의 모양은 매우 불규칙한 것이었을 겁니다. 땅을 항상 정사각형이나 직사각형으로 나눌 수는 없을 테니까요.

    그런데 위에서 설명한 원리만 알고 있으면 그 어떤 모양이라도 넓이를 잴 수 있다는 말씀!

평행사변형

평행사변형은 마주보는 변이 평행이기 때문에 직사각형이 비스듬히 기울어진 모습과 같습니다. 따라서 한쪽 부분을 자르고 반대편에 붙이면 직사각형의 모습이 되지요. 그래서 밑변 길이에 높이를 곱하면 되는 것입니다.

밑변×높이

사다리꼴

사다리꼴은 똑같은 사다리꼴 하나를 뒤집어 붙이면 평행사변형이 되지요. 즉, 밑변의 길이(아랫변에 윗변을 더한 길이)에 높이를 곱하고 반으로 나누면 되는 것입니다.

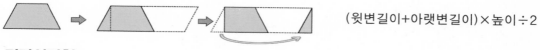

(윗변길이+아랫변길이)×높이÷2

직각삼각형

똑같은 직각삼각형 두 개를 서로 뒤집어 붙이면 직사각형이 되지요. 즉, 밑변의 길이에 높이를 곱하고 반으로 나누면 되는 것입니다.

밑변×높이÷2

모든 삼각형

어떠한 삼각형이라도 똑같은 삼각형 두 개를 뒤집어 붙이면 평행사변형이 됩니다. 따라서 밑변의 길이에 높이를 곱하고 반으로 나누면 되는 것입니다.

밑변×높이÷2

이제는 이 원리를 이용해서 아래 그림과 같은 땅의 넓이를 재어 봅시다. 우선 선이 반듯한 도형으로 나타내기 위해 말뚝을 박아 밧줄로 둘러쌉니다.

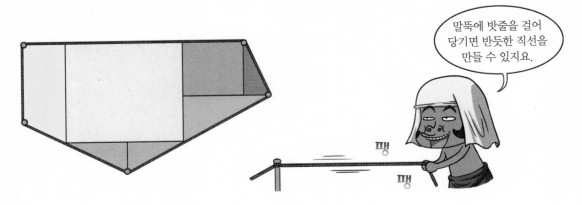

이 도형은 이름도 알 수 없는 복잡한 모양을 하고 있지요? 하지만 앞서 설명한 내용을 알고 있다면 이 도형의 넓이도 쉽게 구할 수 있습니다.

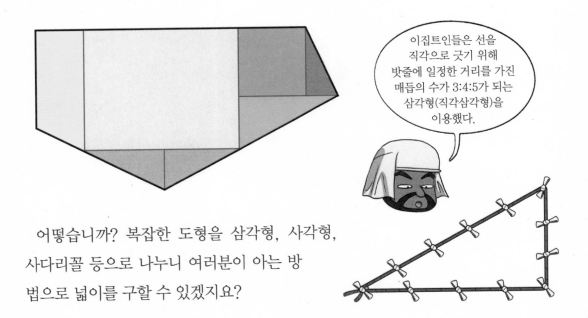

어떻습니까? 복잡한 도형을 삼각형, 사각형, 사다리꼴 등으로 나누니 여러분이 아는 방법으로 넓이를 구할 수 있겠지요?

어떤가요? 도형을 이리저리 돌려 보고 붙여 보고 잘라 보니 한 가지 도형의 넓이 공식만으로 다양한 도형의 넓이를 구할 수 있었지요? 그래서 도형을 가지고 노는 놀이가 수학적 사고 능력을 키우는 데 큰 도움이 되는 것입니다.

칠교(탱그램)

혹시 '칠교놀이'를 아시나요? 정사각형 틀 안에 7개의 조각이 꽉 들어차 있는 장난감을 '칠교' 또는 '탱그램(Tangram)'이라고 하지요. 칠교는 5천 년 전 중국의 책에도 기록이 있을 정도로 그 역사가 깊습니다.

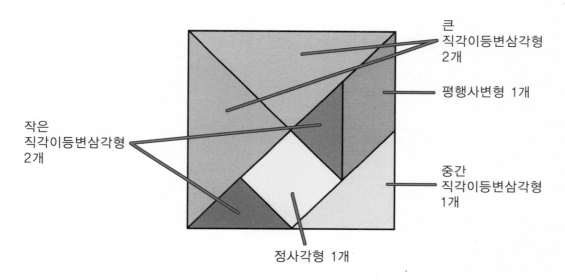

큰
직각이등변삼각형
2개

평행사변형 1개

작은
직각이등변삼각형
2개

중간
직각이등변삼각형
1개

정사각형 1개

칠교놀이는 이 7개의 조각을 이리저리 돌리고 붙여가며 여러 가지 독창적인 모양을 만들어내거나, 문제를 보고 똑같이 맞추는 놀이입니다.

단순한 장난감 같지만 도형들을 돌리고 맞추며 새로운 도형을 만들어가는 과정에서 도형의 특성과 관계에 대한 이해와 관찰, 분석, 비교, 추리 능력을 기를 수 있지요.

칠교를 구성하는 도형들은 45도, 90도, 135도의 각도로만 이루어져 있기 때문에 만들 수 있는 형태에는 제한이 있지만, 이 세 가지 각도만으로도 정말 다양한 형태를 만들 수 있습니다.

인터넷에 많은 칠교(탱그램) 문제들이 나와 있으니 참고해도 좋습니다. 종이를 오려서 만들 수도 있습니다. 아래 그림 위에 종이를 올려놓고 선대로 따라 그린 뒤 오려서 사용해 보세요.

〈탱그램〉

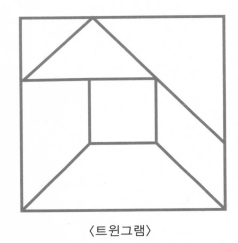

〈트윈그램〉

90

펜토미노

펜토미노도 칠교처럼 수학적 사고력 향상에 도움을 줍니다. 본문 23페이지에 소개한 라틴 수사를 보면 '5'를 의미하는 수사가 '펜타'였지요? 펜토미노라는 이름은 여기서 따온 것입니다. 펜토미노의 구성물을 보면 왜 이런 이름을 가졌는지 이해가 될 것입니다.

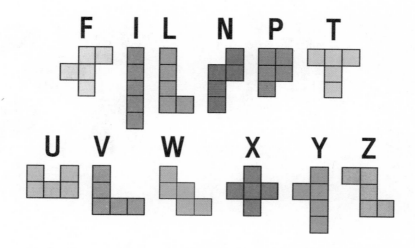

각각 모양은 다르지만 조각 하나에 정사각형 5개라는 공통점이 있다는 걸 알 수 있지요?

그렇기 때문에 정사각형 하나의 넓이를 '1cm²'라고 가정했을 때 조각 하나하나의 넓이는 5cm²가 되고, 조각들을 결합하여 만든 도형의 넓이도 5의 배수가 된다는 것을 알 수 있지요.

펜토미노가 신기한 점은 직사각형 틀 안에 12조각이 딱 맞게 들어갈 수 있다는 것입니다. 그리고 아래 그림처럼 12조각 각각의 확대된 모습까지 만들 수 있지요. 또한 펜토미노는 이렇게 입체 도형까지 만들 수 있지요. 정말 놀라운 수학 장난감(?)입니다.

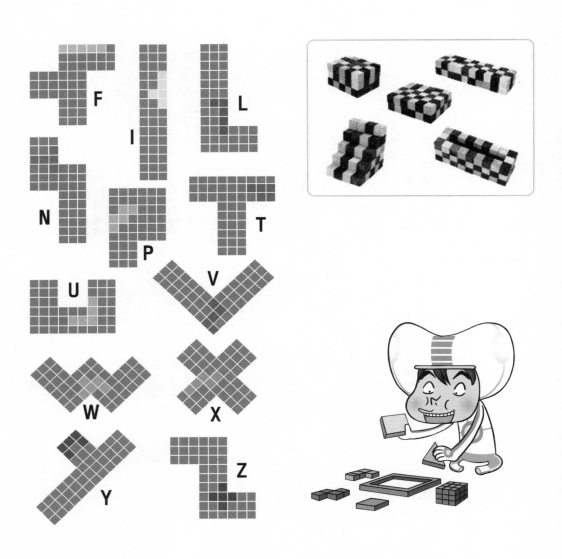

소마큐브

'소마큐브'라는 놀이 도구는 입체 도형에 대한 이해를 돕는 데 아주 좋습니다. 칠교처럼 7조각으로 되어 있는데, 칠교와는 달리 하나하나의 모양이 다 다르지요. 이 7조각을 합하면 정육면체가 됩니다.

종이접기

종이접기도 도형을 이해하는 데 큰 도움이 됩니다. 정사각형이나 직사각형의 종이가 접히는 횟수, 형식 등을 통해 어떤 모습으로 변하는지 체험할 수 있고, 또 설계도를 보고 만드는 과정을 반복하면 독창적으로 만들 수 있는 능력까지도 얻게 됩니다.

93

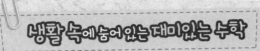

생활 속에 숨어 있는 재미있는 수학

맨홀 뚜껑이 둥근 이유

맨홀 뚜껑 아시죠? 네모나 타원형도 있지만 대부분 둥근 모양이지요. 사람이 드나들어야 하기 때문에 맨홀 구멍은 둥근 게 유리합니다. 구멍이 둥글면 당연히 뚜껑도 둥글어야겠지요?

또한 뚜껑이 각이 져 있다면 뾰족한 모서리 부분에 자동차 바퀴가 상할 수도 있습니다. 그리고 또하나 중요한 이유는 뚜껑이 구멍 안으로 빠지지 않게 하기 위해서입니다.

삼각형이나 사각형의 경우는 가장 긴 폭과 가장 짧은 폭이 차이가 나기 때문에 뚜껑이 구멍 속으로 떨어질 위험이 크지요. 하지만 원은 폭이 일정하기 때문에 떨어질 염려가 없습니다. 그렇다고 뚜껑이 원이어야만 안 떨어지는 것은 아닙니다. 아래와 같이 폭이 일정한 도형도 있으니까요. 이런 도형을 '정폭도형'이라고 하지요.

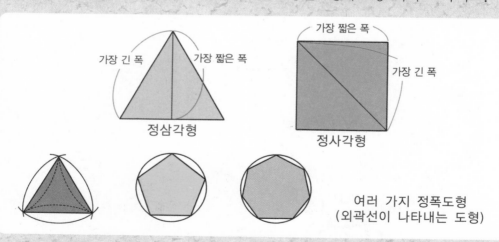

너희들 덕분에 빨리 셀 수 있었어. 고마워.

고맙긴 뭐.

이젠 너희들이 우리를 도와 줄 차례인데.

뭐? 우리가 도와 줘야 한다고?

우리 4명이 발견한 건데, 모양이 맘에 들어서 서로 갖겠다고 난리야. 그러니 이 모양 그대로 4조각을 내 줘.

그러니까 크기만 작고 모양은 같게 4조각 내 달라는 거지?

그냥 같은 크기로 4조각 내는 것도 어려운데, 모양까지 같아야 한다고?

그냥 눈으로 보면서 생각하지 말고 작게 나눠 보자.

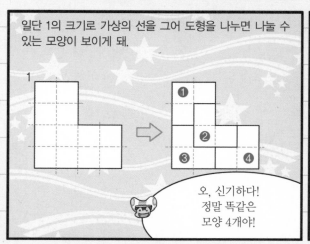

일단 1의 크기로 가상의 선을 그어 도형을 나누면 나눌 수 있는 모양이 보이게 돼.

오, 신기하다! 정말 똑같은 모양 4개야!

이 모양도 이처럼 가상의 선으로 작게 나누면 답을 찾을 수 있을 거야.

좋아! 그런데 이건 생각보다 쉽지 않아.

정답은 맨 뒷페이지에

9 측량, 측정의 기본은 미터(m)

'연필 한 다스'와 '오징어 한 축'이란 말 들어봤나요? 앞의 '한'은 '하나'를 뜻합니다. 그럼 연필과 오징어의 수는 '하나'로 같을까요? 아닙니다. 연필 한 다스는 12자루를 의미하고, 오징어 한 축은 20마리를 뜻하지요.

같은 수를 사용했는데 뒤에 붙는 글자에 따라 그 수량이 달라지지요? 왜 복잡하게 '다스'나 '축' 같은 말을 붙이는 걸까요? 그것은 '수'를 우리의 실생활에 제대로 활용하기 위해서입니다.

실생활에서 사용되고 있는 수를 잘 살펴보면 뒤에 'm' 'km' 'kg' 'mL' 등의 영문 알파벳이 붙어 있는 경우가 많습니다. 이렇게 숫자 뒤에 붙는 기호들을 '단위'라고 하지요. 앞에서 나온 '다스'나 '축'도 단위입니다. 숫자가 똑같아도 뒤에 붙는 단위가 다르면 그 의미는 완전히 달라지지요.

만약 이런 단위 없이 숫자만 사용하면 어떻게 될까요? 우선 길이의 단위인 'm'만 없어도 우리의 생활은 원시시대 수준으로 떨어지게 될 것입니다. 왜냐고요? 집을 만들기 위해 3m 길이의 기둥이 필요하다면 우리는 자를 이용해 정확한 길이의 기둥을 만듭니다.

하지만 'm'라는 단위가 없다면 자도 만들 수 없기 때문에 정확한 길이를 잴 수 없어 설계부터 제대로 할 수 없지요. 특히 전자제품에 들어가는 부품들은 조금만 크기가 달라도 제품에 심각한 고장을 일으킬 수 있습니다.

그래서 길이, 무게, 시간, 에너지 등을 정확하게 나타낼 수 있는 기준이 반드시 필요한 것이지요. 수학 공부를 쉽게 하기 위해서는 이 '단위'에 대한 이해가 매우 중요합니다.

고대 이집트의 건축물을 보면 매우 수학적이고 과학적으로 지어졌다는 것을 알 수 있습니다. 고대 이집트에도 '단위'가 있었다고 추측할 수 있습니다. 이 시기에는 '큐빗'이란 단위를 사용했는데, 이것은 팔꿈치에서 가운뎃손가락 끝까지의 길이를 의미하지요.

하지만 사람마다 팔 길이가 다르기 때문에 왕의 신체를 기준으로 단위를 정하고 그 길이와 같은 막대를 만들어 자로 사용하였습니다. 이렇게 여러 사람이 함께 사용하도록 만든 단위의 기준을 '표준'이라고 하지요.

하지만 큐빗을 사용하지 않는 다른 나라와는 통하지 않았기 때문에 교류하는 데 문제가 있을 수밖에 없었지요. 그래서 '국제적인 표준'이 필요하게 된 것입니다.

'm(미터)'가 그런 '국제 표준' 중 하나입니다. 우리나라의 '1m'는 다른 나라에서 사용하는 '1m'와 똑같은 길이입니다. 이렇게 세계적으로 공통된 단위를 사용하려면 단위를 어떤 기준으로 정했는지 분명해야 합니다.

그래서 처음에는 '1m'라는 길이는 지구 둘레를 40,000,000(사천만) 등분하여 그 한 부분의 길이로 정했는데, 지구가 완전히 둥글지 않아 재는 위치에 따라 지구 둘레가 달라지기 때문에 지금은 '빛이 진공에서 $\dfrac{1}{299,792,458}$ 초 동안 이동한 거리'를 '1m'로 정하고 있습니다.

그럼 질량의 단위는 어떻게 정했을까요? 질량의 단위는 길이의 단위에서 나왔습니다. 가로, 세로, 높이가 10cm인 사각형이 만드는 공간은 1,000cm³(10cm×10cm×10cm)인데, 이 부피가 바로 1L입니다.

그리고 4℃(물의 비중이 가장 클 때. 정확히는 3.984℃)의 물 1L의 무게를 질량의 기본 단위로 정한 것이지요. 바로 '1kg'의 탄생입니다. 하지만 이 기준도 더 정확한 표준을 위해 다시 정하는 것을 검토중이라고 합니다.

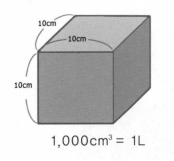

1,000cm³ = 1L

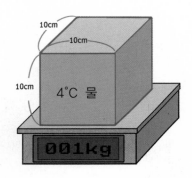

단위 모두를 설명하는 것은 어려우니, 지금 나오는 기본 단위들을 기억해 두세요.

*SI(국제 표준) 기본 단위
❶ 길이(미터:m)
❷ 질량(킬로그램:kg)
❸ 시간(초:s)
❹ 전류(암페어:A)
❺ 온도(캘빈:K)
❻ 물질량(몰:mol)
❼ 광도(칸델라:cd)

이 7개의 단위를 기본 단위라고 하는 이유가 뭘까요? 그것은 수많은 단위들이 모두 이 7가지 단위들로 만들어졌기 때문입니다.

길이의 단위인 'm'를 예로 들어 보겠습니다. 넓이를 나타내기 위해서는 두 변의 길이를, 부피를 나타내기 위해서는 세 변의 길이를 곱해야 하지요. 이렇게 말입니다.

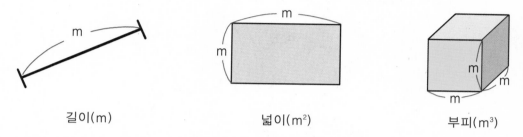

길이(m)　　　　　넓이(m²)　　　　　부피(m³)

하나만 더 예를 들어 보겠습니다. 빠르기, 즉 속력은 '어떤 거리를 움직이는 데 얼마만큼의 시간이 걸렸나' 로 구할 수 있지요? 즉, 속력의 단위는 '길이' 와 '시간' 의 단위를 합해 만들 수 있는 것입니다.

속력=길이(m)÷시간(s)=m/s

그래서 기본 단위에 대한 이해가 있으면 모든 단위를 이해할 수 있지요.

이렇게 기본 단위에서 유도된 단위는 상당히 많지만 우선 교과서에 주로 나오는 유도 단위만 몇 가지 소개하겠습니다. 각 단위를 구성하고 있는 기본 단위들을 보면 유도 단위의 의미를 이해하기 쉬울 것입니다.

우와~ 모두 기본 단위로 만들 수 있네?

그래. 만들어진 원리를 알면 새롭게 배우는 단위도 쉽게 이해할 수 있어.

❶ 가속도 = 길이÷(시간×시간) = m/s^2

❷ 밀도 = 질량÷(부피) = kg/m^3

❸ 힘 = (길이×질량)÷(시간×시간)=$m×kg×s^{-2}$ = N(뉴턴)

❹ 에너지 = 힘×길이 = $m^2×kg×s^{-2}$ = J(줄)

❺ 일률 = 에너지÷시간 = $m^2×kg×s^{-3}$ = W(와트)

❻ 전하량 = 시간×전류 = $s×A$ = C(쿨롱)

❼ 전압(전위차) = 일률÷전류 = $m^2×kg×s^{-3}×A^{-1}$ = V(볼트)

❽ 저항 = 전압÷전류 = $m^2×kg×s^{-3}×A^{-2}$

그런데 단위들을 보면 km, cm, mm 등 원래 단위에 덧붙인 글자들을 볼 수 있습니다. 그럼 각 단위에 어떤 차이가 있는지 살펴봅시다.

$$1\text{km}=1{,}000\text{m}, \quad 1\text{cm}=\frac{1}{100}\text{m}, \quad 1\text{mm}=\frac{1}{1{,}000}\text{m}$$

이 결과로 유추하면 'k'는 1,000을, 'c'는 $\frac{1}{100}$을, 'm'는 $\frac{1}{1{,}000}$을 의미한다고 할 수 있겠지요? 맞습니다. 그래서 1kg은 1,000g이 되는 것이죠.

이번에는 단위 앞에 쓰이는 접두어에 어떤 것이 있는지 살펴봅시다. 여러분에게 익숙한 이름도 보일 거예요.

인자	접두어	기호	인자	접두어	기호
10^{24}	요타	Y	10^{-1}	데시	d
10^{21}	제타	Z	10^{-2}	센티	c
10^{18}	엑사	E	10^{-3}	밀리	m
10^{15}	페타	P	10^{-6}	마이크로	μ
10^{12}	테라	T	10^{-9}	나노	n
10^{9}	기가	G	10^{-12}	피코	p
10^{6}	메가	M	10^{-15}	펨토	f
10^{3}	킬로	k	10^{-18}	아토	a
10^{2}	헥토	h	10^{-21}	젭토	z
10^{1}	데카	da	10^{-24}	욕토	y

'인치'와 생활 속의 수학

가전제품 매장에 가면 컴퓨터 모니터 등에 '40인치' '17인치' 라고 쓰여 있는 것을 볼 수 있습니다. 이 숫자들은 사각형으로 된 화면의 대각선 길이를 뜻하지요. 인치는 길이 단위 중 하나인데, 표준 단위로 바꾸면 1인치는 2.54cm입니다.

그런데 이상하지요? 대각선 길이는 같아도 수많은 다른 형태의 사각형이 그려지는데, 왜 화면의 크기를 대각선 길이로 나타낸 걸까요? 그것은 '피타고라스의 정리'로 설명할 수 있습니다.

사각형을 대각선으로 자르면 2개의 직각삼각형이 나오는데, 이 직각삼각형은 (가로 길이)²+(세로 길이)²=(빗변 길이)²입니다. 그래도 빗변 길이만으로 사각형의 크기를 알 수 없기 때문에 제품에는 16:9, 4:3 등의 비율도 함께 쓰여 있지요. 예를 들어 4:3, 40인치 제품인 경우를 계산해 보면 아래와 같은 식이 성립됩니다.

$$(4x)^2+(3x)^2 = 40^2 \quad \text{(가로 길이)}^2 + \text{(세로 길이)}^2 = \text{(대각선 길이)}^2$$

이 식을 풀어 보면,

$$16x^2 + 9x^2 = 1,600 \;\Rightarrow\; 25x^2 = 1,600 \;\Rightarrow\; x^2 = 1,600 \div 25 = 64$$

$$x = \sqrt{64}(\text{두 번 곱해 64가 되는 값}) = 8$$

즉, 가로 길이는 32인치, 세로 길이는 24인치가 되는 것입니다. 이것을 표준 단위로 바꾸면, 가로 길이=(32×2.54), 세로 길이=(24×2.54) 즉, 가로 길이는 81.28cm, 세로 길이는 60.96cm가 되는 것입니다. 넓이는 이 두 길이를 곱하면 되겠죠?

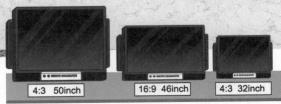

고마워. 이제 싸울 필요가 없어.

잘 가~!

이 연못이 마지막 관문이야.

정말?

웬 물통이 2개 있네?

3L, 5L짜리 물통으로 4L의 물을 만들어 연못에 부으라고 되어 있어.

3L, 5L는 있는데 하필 4L만 없냐….

그러니까 문제지!

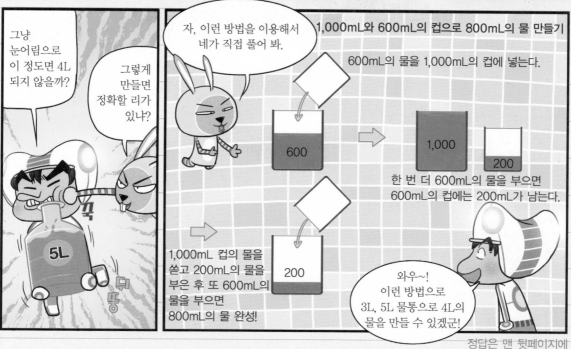

그냥 눈어림으로 이 정도면 4L 되지 않을까?

그렇게 만들면 정확할 리가 있나?

자, 이런 방법을 이용해서 네가 직접 풀어 봐.

1,000mL와 600mL의 컵으로 800mL의 물 만들기

600mL의 물을 1,000mL의 컵에 넣는다.

600

1,000

200

한 번 더 600mL의 물을 부으면 600mL의 컵에는 200mL가 남는다.

1,000mL 컵의 물을 쏟고 200mL의 물을 부은 후 또 600mL의 물을 부으면 800mL의 물 완성!

200

와우~! 이런 방법으로 3L, 5L 물통으로 4L의 물을 만들 수 있겠군!

정답은 맨 뒷페이지에

10 주산으로 키우는 6가지 수학 능력

계산할 때 지금은 주로 전자계산기를 이용하지만, 불과 20년 전만 해도 웬만한 계산은 주판이란 것을 사용했습니다.

계산을 빨리하는 능력은 실생활에서 아주 유용하기 때문에 주산(주판으로 하는 계산) 자격증을 가진 사람은 좋은 직장에 취직도 잘 되었지요. 그래서 주산 자격증을 따기 위해 학원을 다니는 사람들도 매우 많았습니다. 어느 집에나 주판 하나씩은 꼭 있을 정도였지요.

하지만 지금은 주산을 배우는 사람이 거의 없지요. 이렇게 된 가장 큰 이유는 "편리한 계산기 두고 뭐하러 힘들게 주판알을 굴려?" 이런 생각을 가진 사람들 때문입니다. 더 편리한 계산기가 있으니 더 이상 구식 계산기를 쓸 필요가 없다는 뜻이지요.

그런데 이런 생각이 사람들의 수학적 능력을 크게 퇴화시켰다는 사실을 알고 있나요? 주산이 인기있던 시절에는 웬만한 계산은 눈으로만 보고도 쉽게 해내는 학생들이 많았는데, 지금은 그런 학생들이 드물며 어른들까지도 간단한 덧셈을 할 때도 계산기를 찾는 모습을 많이 볼 수 있습니다.

이런 현상은 마치 날개를 쓰지 않아도 먹이를 구할 수 있게 된 닭이 결국 날개가 퇴화되어 하늘을 날 수 없게 된 것과 같습니다. 주판은 단지 계산을 쉽고 빠르게 할 수 있는 장점만 가진 것이 아닙니다.

주산의 기원

주산의 기원은 지금으로부터 약 4,000년 전 수메르 문명에서 찾을 수 있습니다. 계산을 빨리 하기 위해 땅에 긴 홈을 파고 그 안에 돌멩이를 넣어서 활용했지요.

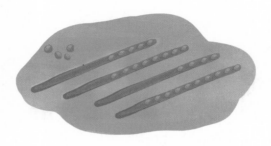

그 후 그리스인은 땅바닥 대신 나무판을 이용했고, 로마인들은 그 수판을 더 편리하게 개량하여 사용했습니다.

중국인들은 그 수판을 더 편리하게 개량하여 막대기에 구슬을 꿴 모습으로 발전시켰지요.

그렇게 발전되어 오늘날의 주판이 되었지요. 아래 그림과 같이 '5'를 의미하는 윗돌 하나와 '1'을 의미하는 아랫돌 네 개를 가름대로 나누어 놓은 형태입니다.

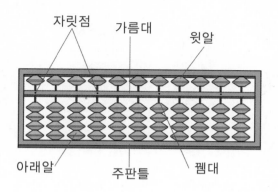

주산은 기본적으로 아래알 하나를 올리면 하나가 더해지고, 윗알 하나를 내리면 5가 더해지는 간단한 원리에 '보수'와 '짝수'의 원리가 사용됩니다. 보수란 서로 더해서 10이 되는 두 수의 관계를 뜻하고, 짝수는 서로 더해서 5가 되는 두 수의 관계를 뜻하지요.

> 1의 짝수 4, 2의 짝수 3, 3의 짝수 2, 4의 짝수 1
> 1의 보수 9, 2의 보수 8, 3의 보수 7, 4의 보수 6, 5의 보수 5…….

3+4를 예로 들면, 아래알 3개를 올린 후 4개를 더하려면 윗알을 내려 주고 더할 수의 짝수를 아래알에서 빼 주면 되는 것입니다.

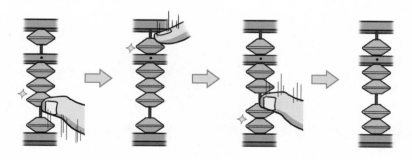

그럼 이렇게 나온 답 7에 6을 더해 봅시다. 한 줄에 9밖에 표현이 안 되기 때문에 이번에는 다음 줄의 아래알을 하나 올리고 더할 수의 보수를 빼 주면 되지요.

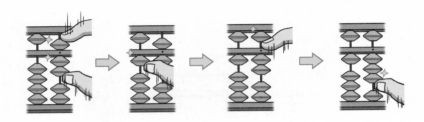

짝수와 보수를 사용하는 것이 별거 아닌 것처럼 느껴질지도 모르지만, 짝수 보수의 사용에 익숙해지면 계산을 매우 빠르게 할 수 있습니다. 왜냐하면 숫자를 세로로 써서 계산하는 세로셈도 이런 원리를 이용한 것이기 때문입니다.

'66+47' 이란 문제를 세로셈으로 계산하면 아래 그림처럼 자릿수를 올릴 때 보수를 빼 주어야 하니까요.

이처럼 주판을 이용한 계산은 주판 없이 계산하는 능력도 향상시켜 줍니다. 놀라운 건 주산을 지속적으로 하다 보면 어느 순간 머릿속에 주판을 그려 계산할 수도 있지요. 이 암산 능력이야말로 주산이 주는 진정한 유익함일 것입니다.

주산이 주는 이익은 이뿐만이 아닙니다. 지금부터 주산이 향상시켜 주는 6가지 능력을 소개합니다.

> ❶ **집중력** 정해진 시간 내에 푸는 훈련을 반복하다 보면 문제를 푸는 순간에 강한 집중력을 발휘하게 됩니다.
>
> ❷ **발상력** 손가락을 세밀하게 움직이면 우뇌가 발달하여 발상을 담당하는 뇌의 활동이 활발해지게 됩니다.
>
> ❸ **기억력** 머리 속에 주판을 떠올리는 훈련을 통해 오랫동안 기억을 유지할 수 있는 능력이 길러집니다.
>
> ❹ **통찰력** 알의 움직임을 살피고 결과물을 확인하는 훈련을 통해 사물을 주의깊게 관찰하는 능력이 길러집니다.
>
> ❺ **정보 처리 능력** 도구 없이 계산할 수 있는 범위가 넓어 신속한 정보 처리 능력을 갖게 됩니다.
>
> ❻ **속독속청력** 숫자를 빠르게 듣고 보는 훈련을 통해 빨리 읽고 이해하는 능력이 길러집니다.

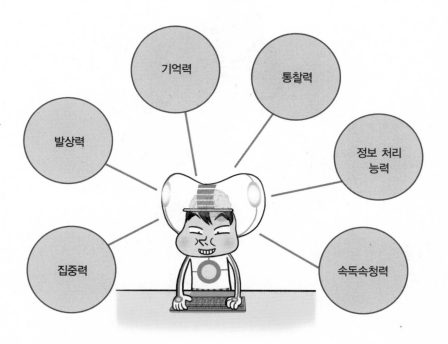

독일의 철학자 칸트는 **'손은 눈에 보이는 뇌'**라고 말했습니다. 손이 '제2의 뇌'로 불리는 이유는 손은 매우 정교한 구조로 되어 있어서 도구를 사용하고, 입 대신 손짓으로 말하고, 눈 대신 손의 촉각으로 글을 읽을 수 있는 등 다양한 일을 해낼 수 있기 때문이지요.

또한 손 근육을 많이 사용하면 우뇌를 발달시킨다는 연구 결과가 나왔습니다. 동양 아이들이 머리가 좋은 이유는 젓가락질이 우뇌를 발달시키기 때문이라고 하지요. 따라서 주판 사용만큼 좋은 뇌 운동 도구도 없는 셈입니다.

우연인지는 모르겠지만 제 주변에 두뇌가 명석하여 자기 분야에서 두각을 나타내고 있는 사람들에게 물어보면 어릴 적 주산을 배웠다는 사람들이 많습니다. 이런 대답을 들을 때마다 놀라움을 느끼지요. 그리고 한편으로는 아쉬운 생각도 들었습니다.

'나도 어릴 때 주산을 열심히 배웠다면……'

* 뇌에서 담당하는 비중이 큰 정도에 따라 신체의 크기를 표현한 그림
– 눈코입이 크다는 것은 그만큼 뇌의 기능을 많이 사용한다는 의미. 손이 가장 큰 이유는 뇌 기능의 대부분을 손이 차지하고 있다는 것을 의미한다.

무서운(?) 수 '13'

우리나라에서는 죽음을 뜻하는 '死(사)' 자와 음이 같아서 '4'를 불길하게 여기죠. 서양의 경우는 '13'이 대표적인 불길한 숫자입니다. 예수님이 죽기 전 마지막 만찬을 했을 때 12제자를 포함해 13명이 있었고, 죽임을 당한 날이 13일이라는 이유 때문이지요. 사람들의 이런 불안감을 이용해 '13일의 금요일'이라는 공포 영화가 유명세를 타기도 했습니다. 악질 해커들은 바이러스를 만들어 13일의 금요일에 감염되도록 하기도 했지요.

하지만 음악가 바그너는 13이란 숫자를 매우 좋아했습니다. 바그너(richard Wagner)란 이름에 나오는 알파벳 숫자가 13개이고, 자신이 태어난 1813년의 각 숫자들을 더하면 13이 되었기 때문이지요.

과연 13이란 숫자는 신비한 힘을 가지고 있는 걸까요?

나라마다, 사람마다 숫자에 부여하는 의미가 다른 만큼 숫자 자체에 신비한 힘이 있다고 보기보다는 사람들의 생각과 믿음이 숫자에 반영되었다고 하는 게 맞지 않을까요?

"1부터 100까지 전부 더한 값을 구하라."

이 문제는 수학 선생님이 9살 어린 학생들에게 낸 문제입니다. 물론 9살이면 덧셈을 할 줄 알기 때문에 문제를 푸는 것은 어려운 일이 아니지요. 단지 시간이 오래 걸릴 뿐입니다.

아마 선생님은 아이들이 문제를 풀 동안 좀 쉴 수 있겠다는 생각을 했을지도 모릅니다. 1부터 100까지 차례대로 숫자를 더하려면 20분 정도는 걸릴 테니까요.

"선생님, 답은 5,050입니다."

수학 선생님은 깜짝 놀랐습니다. 불과 1분도 안 되는 시간에 한 학생이 정답을 말했기 때문이지요. 선생님은 어떻게 그렇게 빨리 풀 수 있었는지 물어 보았습니다. 그 학생은 이렇게 대답했습니다.

"가장 작은 수인 1과 가장 큰 수인 100을 더하면 101이 됩니다. 그리고 다음으로 가장 작은 수인 2와 가장 큰 수인 99를 더하면 또 101이 되지요. 이런 식으로 큰 수와 작은 수를 더하면 101이 50번 나오는 셈이니, 101에 50을 곱하여 답을 구했습니다."

이 학생이 19세기 최고의 수학자로 불리는 '카를 프리드리히 가우스'입니다. 그는 단순해 보이는 문제도 발상을 전환하여 다양한 해결 방법을 찾아내기로 유명했지요. 가우스의 일화는 **발상의 전환이 수학적인 생각을 갖게 하는 중요한 요소**임을 일깨워 주고 있습니다.

발상의 전환 1단계

'케이크 위에 있는 7개의 초에 불을 붙인 후 창문을 열었더니 바람에 2개가 꺼졌다. 그리고 또다시 3개의 촛불이 꺼지자 창문을 닫았다면 몇 개의 초가 남게 될까?'

'2개'라고 답한 사람 있나요? 그럼 문제의 함정에 걸린 것입니다. 불이 붙은 초는 시간이 지나면 다 녹아 버리게 되지요. 오히려 불이 꺼진 초는 형태를 유지하게 되는 것이니 답은 5개가 되는 것입니다.

좀 억지스럽다고요? 하하, 발상의 전환을 위해서는 문제의 의도를 빨리 파악해내는 것이 중요합니다. 문제 속에 함정도 있고 답도 있는 경우가 많으니까요.

그럼 이 문제를 풀어 봅시다.

'자장면 배달부 맹구는 배달 가방을 들고 3층까지 올라가는 데 30초가 걸립니다. 만약 맹구가 이정도 빠르기로 올라간다면 6층까지 올라가는 데 몇 초가 걸릴까요?'

자장면 시키신 분~!

'60초'라고 답한 친구들은 아직도 문제의 함정을 찾아내지 못한 것입니다. 잘 생각해 보세요. 건물을 올라갈 때 한층만 올라가도 2층이 되지요?

그렇기 때문에 세 층이 아니라 두 층을 올라가는 데 30초가 걸린 것입니다.

1층을 올라가는 데 걸린 시간=30초÷2=15초. 즉, 15초×5=75초(1분 15초)

이번에는 조금 다른 유형의 문제를 내 보겠습니다.

> 'A, T, Y, I, A, F, H, K, L, Z, X, V, N, M' 에는 없고
> 'R, U, P, S, D, G, J, C, B' 에는 있는 것은?

아래의 답을 보기 전에 직접 답을 생각해 보세요. 알고 보면 아주 단순하답니다. 정답은 '곡선' 입니다. 앞 문자들은 직선으로 쓸 수 있지만, 아래 문자들은 직선만으로는 쓸 수 없지요. 어떻습니까? 이걸 쉽게 알아냈다면 여러분의 발상은 아주 수학적이라고 할 수 있습니다.

그럼 다음 문제는 좀더 쉽게 풀 수 있을 것입니다.

> 'A, E, F, G, H, K, P, Q, T, X, Y' 는 불가능하지만
> 'C, I, J, L, O, S, U, V, W, Z' 는 가능한 것은?

정답은 '한 붓 그리기' 입니다.

즉, 연필을 떼지 않고 한번에 쓸 수 있는 문자와 그렇지 않은 문자를 구분해 놓은 것이지요.

이렇게 한번에 그릴 수 있는 그림을 뜻해.

발상의 전환 2단계

앞의 문제들로 두뇌를 워밍업했다면 이번에는 조금 더 깊은 생각을 필요로 하는 문제를 풀어 보도록 합시다.

> '5마리의 고양이가 5마리의 쥐를 잡는 데 5분이 걸렸다면,
> 10마리 고양이가 10마리 쥐를 잡는 데는 몇 분이 걸릴까?'

'10분' 이라고 말한 친구 있나요? 그럼 아직 준비 운동이 덜 됐군요. 문제는 알고 보면 매우 쉽습니다.

5마리 고양이가 5마리 쥐를 잡는 데 5분이 걸렸으면 고양이 한 마리가 쥐 한 마리를 잡는 데 5분이 걸린 셈이지요.

즉, 10마리 고양이가 10마리 쥐를 잡는 데는 똑같이 5분이 걸리는 것입니다. 100마리 고양이가 100마리 쥐를 잡아도 5분이지요. 이해가 되나요?

이번엔 이 문제를 풀어 보세요. 충분히 풀 수 있는 문제이니 다음 장의 답을 보기 전에 꼭 풀어 보세요.

> '1분이 지날 때마다 두 개로 늘어나는 세균이 병 속을 가득 채우는 데
> 1시간이 걸렸다면 병의 절반을 채우는 데는 얼마나 걸릴까?'

'30분'이라고 답한 친구 있나요? 이런! 아직도 준비 운동이 덜 되었군요. 문제의 함정에 또 걸렸습니다. 이 문제의 답은 한 가지만 생각하면 쉽게 나옵니다.

'병이 꽉 차기 1분 전, 병 속은 어떤 상태일까?'

세균이 1분에 두 개로 늘어난다는 것은 1분마다 세균의 수가 두 배로 늘어나는 것을 의미합니다. 즉, 병에 꽉 차기 1분 전에는 병의 절반을 채운 상태인 것이죠. 그래서 답은 59분(1시간이 60분이므로)이 되는 것입니다.

그럼 아래와 같은 응용 문제도 풀 수 있겠죠?

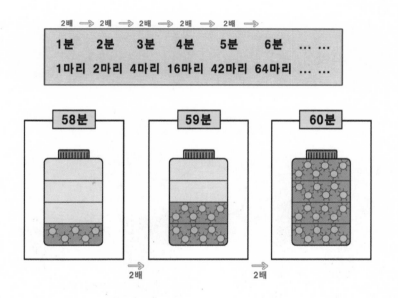

'1분이 지날 때마다 두 개로 늘어나는 세균 한 마리를 병 속에 넣었더니 1시간만에 병을 꽉 채웠다. 그럼 빈 병에 두 마리를 넣는다면 얼마만에 병을 꽉 채울까?'

답은 위 문제와 같습니다. 세균 한 마리를 넣은 병의 경우 1분 후에 세균 2마리가 되니 결국 세균 2마리를 넣고 시작한 병은 고작 1분 빠르게 병을 채우게 되는 것이지요.

발상의 전환 3단계

'항상 진실만 말하는 사람들이 사는 참마을과, 항상 거짓만 말하는 사람들이 사는 거짓마을로 갈 수 있는 두 갈래길에서 어느 마을 사람인지 모르는 한 사람을 만났다. 그에게 어떤 질문을 하면 참마을로 갈 수 있을까?'

이 문제는 논리적인 발상이 필요합니다. 단순히 '참마을로 가려면?' '거짓마을로 가려면?' 이라는 질문만 생각하면 절대 풀 수 없는 문제이지요.

문제 속에 있는 조건들을 최대한 활용해야 합니다. 힌트는 길에서 만난 사람이 두 마을 중 한 마을에는 살고 있다는 사실이지요. 답은 아래와 같습니다.

'당신이 사는 마을은 어디입니까?'

이 질문을 들은 사람이 만약 참마을 사람이라면 참마을로 가는 방향을 알려 줄 것이고, 거짓마을 사람이라면 자신이 사는 곳이 아닌 쪽을 가르쳐 줄 테니까요.

'100명이 출전한 토너먼트 경기에서 최종 우승자를 가리기 위해서는 몇 번의 경기를 해야 할까?'

복잡한 계산을 해야 할 것 같지만 문제의 조건을 잘 생각하면 쉽게 답을 알 수 있는 문제입니다. 힌트는 '토너먼트' 방식에 있습니다.

우승자는 단 한 명뿐! 그렇다면 99명이 떨어져야 하지요. 99명이 떨어지기 위해서는 몇 번의 경기가 필요하지요? 맞습니다. 99번! 이 횟수가 정답입니다. 그렇다면 이런 응용 문제도 쉽게 풀 수 있을 것입니다.

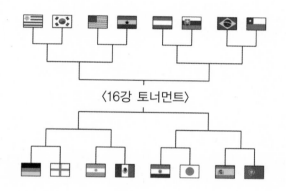

〈16강 토너먼트〉

'100명이 출전하는 토너먼트 경기. 16강전에서 2명이 부상을 당해 다음 경기에 출전을 포기했다면 우승자가 나오기까지 몇 번의 경기를 해야 할까?'

여기서 '16강전'이란 말은 아무 의미가 없습니다. 2명이 경기를 안 하게 된 것이니 우승자가 나올 때까지 97경기만 하면 됩니다. 답은 97경기가 되지요.

아자!

상대가
기권하여
부전승!

부전승으로만
3승이라니!

다음은 세 딸을 가진 아빠 A와 주소를 보고 A의 집을 찾아온 B의 대화입니다. 이 대화를 듣고 세 딸의 나이를 맞혀 보세요.

"오랜만이군. 벌써 딸을 3명이나 둔 아빠라니. 딸들의 나이는 어떻게 되는가?"

"자네, 수학을 잘하니 한번 맞혀 보게. 우리 딸들의 나이를 전부 곱하면 36세이지."

"그것 가지고 어떻게 아나? 힌트를 더 주게."

"우리 딸들의 나이를 전부 더하면 우리 집 번지수와 같아."

"음… 그래도 모르겠는걸? 힌트 하나만 더 주면 안 되겠나?"

"큰딸의 머리색만 엄마를 닮았다네."

"오! 이제야 알겠군."

문제 속의 조건을 이용하여 차근차근 답에 접근하는 방식의 문제입니다. 마치 탐정이 단서를 하나하나 모아서 결정적 증거를 찾는 것과 비슷하지요. 우선 딸들의 나이를 곱해 36이 된다면 딸들의 나이는 반드시 36의 약수가 되어야 합니다.

36의 약수 = 36, 18, 9, 6, 4, 3, 2, 1

여기서 3명의 나이를 곱했을 때 36이 되는 경우를 만들어 보면,

(36, 1, 1) (18, 2, 1) (9, 4, 1) (9, 2, 2) (6, 6, 1) (6, 3, 2) (4, 3, 3)
*쌍둥이를 낳았을 수도 있으니 딸의 나이가 같을 수도 있음.

당연히 이 조건만으로는 딸들의 나이를 알 수 없으니 다음 조건을 봅시다.

딸들의 나이를 합하면 번지수와 같다? 번지수가 몇 번인지 알려 주지 않았는데 조건이 될 수 있을까요? 네, 아주 좋은 조건이 됩니다. 주소를 보고 집을 찾아왔다면 B는 번지수를 알았을 텐데 그 때까지도 딸의 나이를 몰랐다는 것은 자신이 예상한 경우 중에 합이 똑같은 경우가 있다는 걸 의미하니까요.

그럼 한번 모든 경우의 합을 계산해 봅시다.

> 36+1+1=38, 18+2+1=21, 9+4+1=14, 9+2+2=13,
> 6+6+1=13, 6+3+2=11, 4+3+3=10

정말 합이 같은 두 경우가 나왔군요. A의 집은 13번지였던 겁니다. 그럼 마지막 조건을 활용할 때입니다. 큰딸의 머리색만 엄마를 닮았다면 큰딸은 쌍둥이가 아니란 의미가 되지요. 결국 세 딸의 나이는 9살, 2살, 2살인 것입니다.

문제 속에는 함정도 있을 수 있지만 이렇게 하나하나가 반드시 필요한 조건이 될 수도 있습니다. 그것을 빨리 파악해내는 것도 수학적 사고 능력이지요.

'닭과 염소의 머리 수는 모두 합해 30이고 다리 수는 100이라면, 닭과 염소는 각각 몇 마리인가?'

이런 문제의 경우는 A, B 같은 문자를 이용해서 식을 세우면 문제를 그냥 읽는 것보다 쉽게 느껴집니다. 닭=A, 염소=B라고 하고, 닭 다리=2A(한 마리의 다리가 둘), 염소 다리=4B(한 마리의 다리가 넷)가 되겠지요. 그럼 두 가지 식이 나옵니다.

$$A+B=30, \quad 2A+4B=100$$

그럼 첫 번째 식과 두 번째 식을 합하기 위해 첫 번째 식의 각 항에서 B를 빼 줍니다.

$$A+B-B=30-B \ 즉, \ A=30-B$$

이 식을 두 번째 식에 넣으면,

$$2(30-B)+4B=100 \Rightarrow 60-2B+4B=100 \Rightarrow 2B=40 \Rightarrow B=20$$

즉, 닭은 10마리, 염소는 20마리가 됩니다. 이런 '방정식' 문제는 중학 과정에 나오지만 초등 과정의 지식만으로도 충분히 풀 수 있는 문제입니다.

그럼 마지막으로 한 문제만 더 풀어 보겠습니다.

'건너가는 데 6일이 걸리는 사막이 있다. 한 사람은 4일분의 식량만 지고 갈 수 있다면 한 사람도 굶지 않고 한 사람이라도 사막을 건너는 데 최소 몇 명이 필요할까?'

이런 문제의 경우는 하나하나의 경우를 생각해 보는 게 좋습니다. 그렇게 생각하는 도중에 풀이 방법이 떠오를 수도 있으니까요. 먼저 한 사람은 4일분의 식량밖에 질 수 없으므로 혼자서는 갈 수 없습니다.

두 사람이 출발하여 하루가 지나 한 명이 다른 한 명에게 식량을 주고 되돌아오면 어떨까요? 앞으로 5일을 더 가야 하는데 한 사람이 질 수 있는 식량은 4일분뿐이니 이것도 불가능합니다.

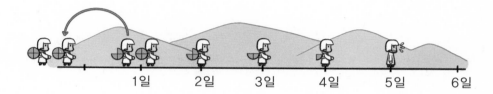

세 사람은 어떨까요? 하루 지나서 한 명이 1인분만 가지고 되돌아오고, 또 하루 지나 한 사람이 2인분을 들고 돌아오면 남은 한 사람이 4인분을 가지고 사막을 건널 수 있겠군요. 정답은 '3명' 입니다.

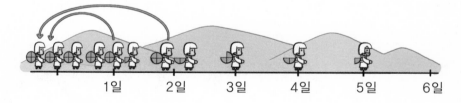

이런 방법으로 아래 문제를 직접 풀어 보세요. 답은 맨 뒤쪽에 있습니다.

'한 농부가 여우, 거위, 밀알을 가지고 강을 건너려 하는데 한 번에 한 가지만 데리고 갈 수 있다면 어떤 방법을 써야 할까?' (단, 농부가 없으면 여우는 거위를 잡아먹고 거위는 밀알을 먹어 버린다.)

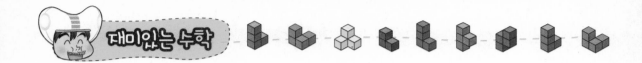
재미있는 수놀이

'142857'이란 재미있는 수를 소개합니다. 142857을 보면 아무런 특징이 없어 보이지만 여기에 다른 수를 곱하면 신기한 결과가 나오지요. 그럼 1부터 차례대로 이 수에 곱해 봅시다.

$$142857 \times 1 = 142857, \quad 142857 \times 2 = 285714, \quad 142857 \times 3 = 428571$$
$$142857 \times 4 = 571428, \quad 142857 \times 5 = 714285, \quad 142857 \times 6 = 857142$$

답을 비교해 보세요. 전부 '1, 4, 2, 8, 5, 7'만 나오고 앞의 수를 따르는 수도 변하지 않는 걸 볼 수 있지요? 정말 신기하지 않나요? 그런데 더 신기한 것은 7을 곱했을 때입니다.

$$142857 \times 7 = 999999$$

하지만 여기서 끝이 아닙니다.

$$142 + 857 = 999, \quad 14 + 28 + 57 = 99$$

정말 신기하고도 재미있는 수지요?
이런 재미있는 수들은 셀 수 없이
많답니다.

$$9 \times 1 = 9$$
$$9 \times 2 = 18 \rightarrow 1 + 8 = 9$$
$$9 \times 3 = 27 \rightarrow 2 + 7 = 9 \cdots$$

나도 재미있는 수야. 구구단 9단의 답에 나온 숫자들을 더하면 모두 9가 된다고!

12 수학을 생활화하자

한 운동 프로그램에서 '효율적으로 운동하는 법'에 대해 설명하는 것을 본 적이 있습니다. 보통 운동 강사는 체육관 안에서 스트레칭 방법, 바벨 드는 법 등을 전문적으로 가르쳐 주는데, 이 프로그램의 강사는 조금 독특했습니다. 그의 운동 방법은 한 마디로 '운동을 생활화하자'는 것이었지요.

아침에 일어나 기지개 펴는 방법, 바른 자세로 식사하는 법, 걸을 때의 바른 자세, TV 볼 때 할 수 있는 근력 운동 등 따로 운동 시간을 내지 않고 하루 일과 속에서 자연스럽게 운동을 할 수 있는 방법에 대해 설명을 했지요.

그 강사가 이런 운동 방법을 제안한 이유는, 직장인이나 학생들이 따로 운동 시간을 내기 어려워 대부분 시도조차 하지 않고 포기하기 때문이라고 했습니다. 어차피 움직여야 하는 시간에 조금 더 바른 자세와 방법으로 움직이는 건 어려운 일이 아니니 누구나 할 수 있다는 것이지요.

전 이 프로그램을 보고 **'공부도 이렇게 생활화하면 어떨까?'** 하는 생각이 들었습니다. 알고 보면 우리 주변의 것들이 모두 수학이고 공부의 대상이니까요. 우리가 조금만 주위를 수학적으로 바라본다면 주변의 모든 것들이 나의 수학 선생님이 될 것입니다.

오늘 아침 칼로리는 550. 하루에 2,400칼로리를 섭취해야 하니 1,850칼로리가 남는구나.

1. 여행갈 때

가족끼리든, 친구끼리든 여행을 갈 때는 그냥 따라가지 말고 자신이 여행을 계획하고 준비하는 사람이란 생각을 가지세요. 그러면 여행지까지의 거리와 시간을 계산해 보게 될 것이고, 사람 당 교통 비용도 계산해야 하겠지요. 자연스럽게 경제 관념도 생길 수 있습니다.

> 예 지도상의 거리는 15km. 걸린 시간은 30분. 그럼, 평균 이동 속도는?
>
> 속도=거리÷시간=15(km)÷$\frac{30}{60}$(h)=30km/h

2. 달력 볼 때

부모님이나 자신의 기념일, 또는 기다려지는 날로부터 오늘이 며칠 전인지 계산해 보는 것도 좋습니다. 또 예를 들어 오늘로부터 10일 후나, 그 달의 24일이 무슨 요일인지 달력을 보지 않고 계산해 보는 것도 매우 실용적인 공부가 될 수 있습니다.

> 예 오늘은 2011년 1월 4일 화요일. 그럼 24일은 무슨 요일일까?
>
> 24-4=20 즉, 20일 후. 20=7+7+6. 즉, 화요일로부터 6일 후면 월요일이 됨.

3. 장볼 때

물건을 고를 때는 중량에 비해 어떤 게 더 저렴한가를 계산하는 습관을 기르세요. 쇼핑이 끝나면 산 물건과 계산서를 비교해서 합계가 맞는지 확인합니다.

> 예 A제품은 500g인데 6,500원, B제품은 400g인데 5,000원.
> 어느 제품이 더 쌀까?
>
> A제품의 1g 당 가격=6,500÷500=13원
>
> B제품의 1g 당 가격=5,000÷400=12.5원

4. 외출할 때

 목적지까지의 정거장 수, 가는 방법 수 등을 찾는 습관을 기르세요. 또한 지하철이나 버스 노선도를 보고 남은 정거장 수를 세는 것도 좋습니다.

5. 용돈 관리할 때

 사고 싶은 것을 인터넷에서 검색, 같은 종류 중 최저가와 최고가를 비교하고 배송비 및 서비스 품목까지 생각해 가장 저렴한 곳이 어디인지 파악해 봅니다.

 그리고 자신이 현재 가진 돈과 앞으로 받을 용돈을 예상하여 살 수 있는 날짜를 계산해 봅니다. 또 월 평균, 일 평균 나의 용돈 사용량을 계산해 보고 그 양은 한 달 용돈의 몇 퍼센트(%)인지 계산해 봅니다.

> 예 OO악기는 A몰에서 배송비 무료에 41,000원, B몰에서 배송비
> 2,500원에 39,000원.
> A=41,000, B=39,000+2,500=41,500. 따라서 A몰이 더 싸다.
> 내 용돈은 월 2만 원. 지금까지 모은 돈 17,000원. 필요한 돈 24,000원.
> 즉, 한 달에 6,000원씩 모으면 4달 후에 살 수 있다.

2화 정답

한 개의 상자만 열더라도 나머지 상자 안의 보석을 맞힐 수 있는 문제이다. 예를 들어 루비 이름의 상자 속 실제 보석이 에메랄드라면 나머지 상자는 이름과 실제 보석이 달라야 하므로, 루비(에메랄드)-에메랄드(사파이어)-사파이어(루비)가 된다. 다른 예를 들어도 마찬가지다.

3화 정답

범인은 심석윤. 빌라 사람들은 서로를 잘 안다고 했다. 따라서 범인이 빌라 주민이었다면 할머니는 '노랑머리'라고 하지 않고 이름이나 호수를 말했을 것이다. 잘 모르는 사람이었기 때문에 '노랑머리'라고 한 것이다.

4화 정답

스위치 하나를 올린 후 몇 분 정도 기다린 후 내린다. 이어서 다른 스위치 하나를 올리고 2층으로 올라가면 켜져 있는 전구와 나중 올린 스위치가 연결되어 있는 것이고, 꺼진 두 전구를 만졌을 때 열기가 느껴지는 전구는 처음 올린 스위치와 연결되어 있음을 알 수 있다. 결국 나머지 연결 상태까지 알 수 있다.

5화 정답

답은 2, 열쇠는 시계이다. 시계는 12가 가장 큰 수이므로 12시에 1시간이 더해지면 1시가 된다. 따라서 7시를 가리키는 시계에 7시를 더하면 2시가 되는 것이다. 12진수 문제이다.

6화 정답

이 문제는 배수, 약수를 이용하면 쉽다. 우선 4명이 정확히 나눌 수 있는 바나나의 개수는 4의 배수가 되어야 할 것이다. 그런데 3번에 걸쳐 4로 나누었기 때문에 원래 바나나의 개수는 $4 \times 4 \times 4$, $4 \times 4 \times 4 \times 4 \cdots$ 등의 수가 되어야 할 것이다. 여기서 처음 바나나는 100개 이하라고 했으니

처음 바나나 수는 64개. 즉,

-1번째 사육사 : 64 = 16+16+16+16 ➡ 원숭이에게 16개 주고 48개 남김.

-2번째 사육사 : 48 = 12+12+12+12 ➡ 원숭이에게 12개 주고 36개 남김.

-3번째 사육사 : 36 = 9+9+9+9 ➡ 원숭이에게 9개 주고 27개 남김.

-원숭이가 먹은 바나나 수 = 16+12+9 = 37개

7화 정답

옷의 실을 풀어 400개로 나눈 후 8명 각각에게 50개씩 나누어 주어 나무를 발견할 때마다 실을 묶도록 지시한다. 다 묶고 남은 실의 수를 세어 400에서 **빼** 주면 나무의 수를 알 수 있다. 예를 들어 남은 실의 수가 240개라면 나무의 수는 260그루가 되는 것이다.

* 400(8명이 가지고 간 실의 수)-240(남은 실의 수)=260(나무에 묶은 실의 수)

8화 정답

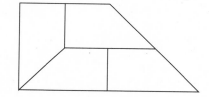

9화 정답

❶ 3L의 통에 물을 가득 채운 후 빈 5L의 통에 붓는다.

❷ 다시 3L의 통에 물을 가득 채운 후 5L 통의 남은 공간을 물로 가득 채운다.

❸ 3L의 통에는 1L의 물이 남게 된다.

❹ 이젠 5L 통의 물을 전부 버리고 3L 통에 있던 1L 물을 붓는다.

❺ 3L 통에 물을 가득 채우고 5L 통에 부으면 4L의 물이 된다.

125쪽 정답

❶ 거위를 데리고 강을 건넌다.

❷ 거위를 놓고 돌아온 후 여우를 데리고 강을 건넌다.

❸ 거위를 데리고 돌아온 후 거위를 놓고 밀알을 가지고 강을 건넌다.

❹ 혼자 돌아와 거위를 데리고 강을 건넌다.

자기주도

초등 수학
공부방법

초판 1쇄 인쇄 | 2011년 6월 1일
초판 1쇄 발행 | 2011년 6월 10일

감수 | 김재구
지은이 | 조영선
그린이 | 김우람

펴낸이 | 남주현
펴낸곳 | 채운북스(자매사 채운어린이)
주소 | 서울시 마포구 창전동 5-11 3층(우 121-190)
전화 | 02-3141-4711(편집부) 02-325-4711(마케팅부)
팩스 | 02-3143-4711
전자우편 | chaeun1999@empal.com
디자인 | design86 박성진, 강루미
출력 | 아이앤지 프로세스
종이 | 세종페이퍼
인쇄 | 대원인쇄
제책 | 은정제책

Copyright ⓒ 2011 조영선
이 책은 저작권법에 따라 보호받는 저작물입니다.
저작권자와 도서출판 채운북스의 허락없이
내용의 전부 또는 일부의 인용이나 발췌를 금합니다.

ISBN 978-89-94608-16-7 (63410)
＊잘못된 책은 구입하신 서점에서 바꾸어 드립니다.

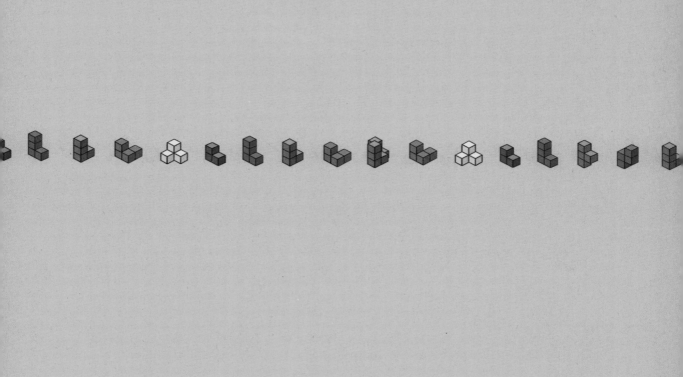

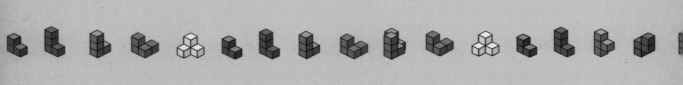